Der dressierte Hund

Der dressierte Hund

Von Captain Arthur J. Haggerty
und Carol Lea Benjamin

Zeichnungen von Carol Lea Benjamin

h.f.ullmann

Originaltitel: Dog Tricks
ISBN 978-1-884822-46-9

© 2008 für die deutsche Ausgabe
Tandem Verlag GmbH
h.f.ullmann ist ein Imprint der Tandem Verlag GmbH

Übersetzung aus dem Englischen: Manfred Allié
Lektorat: Alexa Frank

Printed in Germany

ISBN 978-3-8331-4596-4

10 9 8 7 6 5 4 3 2 1
X IX VIII VII VI V IV III II I

www.ullmann-publishing.com

Für Babette Haggerty und Victoria Halboth

DANK

Die Tricks dieses Buches wurden von folgenden Ärzten auf Sicherheit und Unbedenklichkeit überprüft:

Lyle C. Goodnow, Doktor der Veterinärmedizin, Gardiner Animal Hospital, Gardiner, New York

Victor J. Schwartz, Doktor der Veterinärmedizin, Hudson Valley Animal Hospital, Nyack, New York

Peter A. Segall, Doktor der Veterinärmedizin, Hudson Valley Animal Hospital, Nyack, New York

Harold M. Zweighaft, Doktor der Veterinärmedizin, Tri-Boro Animal Hospital, Bronx, New York

Den folgenden möchten die Autoren danken: Jim Menick, Judith Nelson, Mimi Kahn, Marie Durso, David L. Geisinger, Ricki Linsky, Laurie Nelson, Jerry Brown, Susan Zaretsky, Dr. Barbara Koopman, Jean Shishito, Richard John Sydenham, Gary Pillarsdorf, Bernard Cohen, Bob Boyle, Billie McFadden, Ben J. Mullins, Roz Shulman, Helen Hein, John Rendel, Elizabeth Epstein, Michael A. Braverman, Mark Satine, Mel Chase, Robert C. Blauser und Tom.

Inhalt

Einführung

Die Grundidee hinter diesem Buch ist ganz einfach. Für unsere Begriffe gehören Hunde heute zur großen Zahl der Arbeitslosen in unserer Gesellschaft. Die Aufgaben, für die ihre Rassen einst gezüchtet wurden, stecken auch heute noch in ihren Genen — Schäferhunde, von denen kaum einer mehr eine Schafherde zu hüten hat, knabbern Kinderhosen an und jagen Autos nach. Mancher Schäferhund, Dobermann oder Rottweiler stellt sich auch heute noch schützend vor seinen Herrn und wartet, daß ein Gegner kommt, und er stürmt wütend zur Tür, wenn ein Fremder sich nähert. Alle Muskeln eines Jagdhunds spannen sich, wenn ein Wild auftaucht, Terrier scheuchen Eichhörnchen, und ein Bernhardiner schaut schon nach dem Schnapsfaß, bevor er aus den Windeln ist. Doch die meisten Hunde führen ein Leben als verwöhnte Haustiere, und das mag ein schöner Anfang sein, aber mehr ist es nicht. Sie langweilen sich; manche werden aggressiv, andere lecken sich neurotisch den ganzen Tag die Pfote. Ihre große, noch immer kaum erforschte Intelligenz verkümmert. Oder sie bekommen nur ihre Grundausbildung und dürfen nie auf die höhere Schule.

Hunde müssen etwas zu tun haben. Sie wollen sich nützlich fühlen. Sie arbeiten gern, weil sie gelobt werden wollen und dann stolz auf sich sind. Nur dekorativ vor dem Kamin zu sitzen, das füllt sie nicht aus. Mit Kunststücken kann sich Ihr Hund auf unterhaltsame Weise bilden, sie befriedigen sein Streben nach Aufmerksamkeit und geistiger Betätigung. Er wird sich als nützlicher Hausgenosse fühlen, und es befriedigt seinen unausgesprochenen

Tatendrang. Wenn Sie weder eine Schafherde noch einen Keller voller Ratten haben, Sie nicht zur Parforcejagd gehen und auch keinen Gutshof haben, der bewacht werden muß, aber einen Hund, den Sie lieben und der nichts zu tun hat, dann ist dieses Buch genau das richtige für Sie!

Warum Sie soviel Arbeit in ein Haustier stecken sollten? Weil auch Sie Ihre Befriedigung brauchen. Zunächst werden Sie bei Ihrem Liebling große Veränderungen bemerken. Er wird aufgeweckter werden und sprühen vor Intelligenz. Sie werden lernen, sich auf einer höheren Ebene mit ihm zu verständigen. Der Hund und Sie werden Aufmerksamkeit und Lob bekommen. Sie haben doch nur darauf gewartet, ins Showbusiness zu kommen. Mit Ihrem Hund als Partner haben Sie nun Ihre Chance. Sie werden zum Entertainer im Wohnzimmer oder auf der Bühne — es liegt bei Ihnen, wie weit Sie gehen. Wecken Sie also Ihren schlafenden Hund, und bringen Sie ihm ein paar Tricks bei!

Bevor Sie Ihren Hund auf die höhere Schule schicken, braucht er ein paar Grundkenntnisse. Er muß die Kommandos BEI FUSS, SITZ, PLATZ, KOMM, BLEIB und GUT befolgen lernen, an der Leine wie frei laufend. Diese Kommandos werden im folgenden vorausgesetzt. Hat Ihr Hund das Gehorsamstraining erfolgreich absolviert, können Sie ihn zum Komödianten, Helfer oder Spielgefährten erziehen. Ihr Hund kann Ihnen Zeit sparen, Geld verdienen, Ihr Haus bewachen, Ihnen womöglich sogar das Leben retten, auf zwei Beinen gehen, abenteuerliche Sprünge machen, die Pfote geben, Sie zum Lachen bringen und sich dabei auch noch pudelwohl fühlen.

CAPTAIN ARTHUR J. HAGGERTY
CAROL LEA BENJAMIN

Über die Verfasser

ARTHUR J. HAGGERTY, ehemals kommandierender Offizier des K-9-Korps der U. S. Army, hat einige der bekanntesten Hundedresseure Amerikas ausgebildet und ist Autor des preisgekrönten *How to Get Your Pet into Show Business* sowie des Eintrags über Hundedressur in der *Encyclopedia Britannica*. Die von ihm entwickelten ebenso einfachen wie wirkungsvollen Ausbildungstechniken finden heute Anwendung in aller Welt — doch auch in der esoterischen Seite des Hündischen ist er bewandert und hat das Verhalten von Hunden zusammen mit der Abteilung für Parapsychologie der Duke-Universität erforscht.

CAROL LEA BENJAMIN betreibt das Hundedressieren professionell und hat preisgekrönte Bücher wie *Mother Knows Best, The Natural Way to Train Your Dog, Dog Problems, Dog Training for Kids, Surviving Your Dog's Adolescence, Second-Hand Dog: How to Turn Yours into a First-Rate Pet, The Chosen Puppy: How to Select and Raise a Great Puppy from an Animal Shelter* sowie *Dog Training in Ten Minutes* geschrieben und illustriert. Frau Benjamin ist nicht nur Mitglied der Dog Writers Association of America, sondern auch der Kriminalschriftstellerverbände Mystery Writers of America und Sisters in Crime.

Der dressierte Hund

1
TRICKS
OHNE TRICK

Gib Küßchen!
Wedle mit dem Schwanz!

Die ersten beiden sind kinderleicht. Der Witz bei den *Tricks ohne Trick* ist, daß *Sie* den Trick machen und nicht der Hund. Aber keine Sorge — besondere Kenntnisse brauchen Sie dazu nicht.

GIB KÜSSCHEN!

Wer Hunde mag, bekommt in der Regel auch gern ein Küßchen von seinem zärtlichen Vierbeiner. Auch unaufgefordert lecken viele Hunde die Wange, wenn man sie ihnen hinhält. Wenn Ihr Hund zurückhaltender ist oder Sie ihn dazu bringen wollen, daß er es auf Kommando tut, schmieren Sie sich ein wenig Butter auf die Wange und sagen: »Gib Küßchen!« Wenn er das ein paarmal geübt hat, wird er bald auch ohne Belohnung auf das Kommando hören.

Wenn Ihr Hund nicht nur zärtlich sein, sondern dazu als perfekter Charmeur auftreten soll, bringen Sie ihn mit derselben Taktik dazu, einer Dame die Hand zu küssen. Üben Sie so lange, bis er zwischen *Küßchen* und *Kuß auf die Hand* unterscheiden kann und jeweils tut, wozu Sie ihn auffordern. Er wird manchen Kuß zurückbekommen und vielleicht so manche Wange zum Erröten bringen.

WEDLE MIT DEM SCHWANZ!

Es gibt Hundedresseure, die behaupten, der Hund habe es von ihnen gelernt. Aber das stimmt nicht. Genausowenig lernt er es von uns. Wer immer den Hund erfunden hat, hat den wedelnden Schwanz mit erfunden! Das Schwanzwedeln brauchen Sie Ihrem Hund nicht beizubringen. Reden Sie einfach freundlich mit ihm, und er wedelt ganz von selbst. Was Sie ihm sagen sollen? Na, Sie kennen ihn doch besser als wir. Fragen Sie ihn einfach.

Mit ein wenig Butter...

Noch ein Wort zu den Tricks ohne Trick

Wir haben hier nur zwei kleine Beispiele für *Tricks ohne Trick* aufgeführt, aber die Möglichkeiten sind praktisch unbegrenzt. Beobachten Sie das Verhalten Ihres Hundes, und Sie können ihn jede Handlung aus seinem natürlichen Repertoire auf Kommando ausführen lassen, indem Sie ihm ein bestimmtes Wort dafür angewöhnen. Sagen Sie das Wort, wenn er die jeweilige Handlung tut, und loben Sie ihn dann dafür. Wenn Sie nur ein wenig Geduld haben, können Sie ihm Dinge wie ISS, TRINK, SCHÜTTLE DICH, GRAB EIN LOCH, KRATZ DICH, STRECK DICH, GÄHNE beibringen. Verstanden? Der Trick ist, immer im richtigen Moment zu loben. Sie müssen nur aufmerksam genug sein.

2
HOL-STÖCKCHEN-TRICKS

Auf Kommando apportieren
Thema und Variationen
Etwas aus dem Wasser holen

Tricks, bei denen etwas apportiert wird, sind das A und O jedes gut dressierten Hundes. Wenn er erst die Grundausbildung hinter sich und dann noch das Apportieren gelernt hat, wird ihm die ganze weite Welt der Hundekunst offenstehen. Außerdem ist es für Sie ein ausgezeichnetes Mittel, Ihrem Hund Disziplin beizubringen, und das wird Ihnen bei allen weiteren Dressurübungen sehr nützlich sein. Allerdings ist das Apportierenlernen mit Mühe verbunden. Sie werden an die Grenzen Ihrer Geduld stoßen und nur langsam vorankommen. Sie brauchen Enthusiasmus und ein Gespür für den richtigen Augenblick. Sie müssen wissen, wann es Sinn hat weiterzumachen und wann der arme Fido einfach nicht mehr kann. Wenn Sie die erste Hürde genommen haben, wird es Ihnen beiden Spaß machen. Wenn Sie als erster aufgeben, dann wäre es besser gewesen, Sie hätten nie angefangen. Unsere Lehrmethode funktioniert — und daß Ihr Hund es lernen muß, ist das ganze Geheimnis des Apportierens.

AUF KOMMANDO APPORTIEREN

Unsere Lehrmethode arbeitet weder mit Druck, noch ist es ein spielerisches Lernen. Es spielt ein wenig von beidem hinein, aber wichtig ist vor allem die eine große Grundregel der Hundeerziehung: daß es keine Grundregel der Hundeerziehung gibt. Was wir hier schreiben, ist nicht der Weisheit letzter Schluß. Wenn etwas anderes funktioniert, dann tun Sie es. Die folgenden Maximen geben Ihnen einen Begriff von der Aufgabe, die vor Ihnen liegt:

1. Alle Hunde sind gern gefällig — am liebsten sich selbst.

2. Stöckchen-Spiele sind ein gutes Mittel, die komplexeren Formen des Apportierens zu lernen.

3. Selbst ein ausgesprochener Apportierhund braucht manchmal Druck, damit er apportiert.

4. Ein Hund, der etwas apportieren soll, darf erst aufgeben, wenn es physisch unmöglich ist, das Geforderte zu bringen.

5. Beginnen Sie mit dem Apportierenlernen so früh wie möglich.

6. Gehen Sie so rasch voran wie möglich, aber haben Sie auch keine Hemmungen, einen Schritt zurückzugehen — wenn es sein muß, sogar bis ganz zum Anfang.

7. Timing ist alles. Die Schlüsselbegriffe lauten: DRUCK, NACHLASSEN DES DRUCKS, SOFORTIGE BELOHNUNG.

Beginnen Sie mit dem Apportierenlernen schon während der Grundausbildung Ihres Hundes, damit Sie ihn gut in der Gewalt haben. Wenn er gern Bällen nachjagt, dann lassen Sie ihn Bälle jagen. Wenn er gern Stöckchen holt, üben Sie das. Sie müssen sein Interesse am Apportieren wecken. Sie müssen ihn dazu bringen, daß er mit seiner Beute zu Ihnen zurückkommt. Kümmern Sie sich zunächst gar nicht um das, was er im Maul hat, sondern loben Sie ihn dafür, daß er *kommt*. Versuchen Sie die anderen Grundkommandos, während er etwas apportiert: BEI FUSS, SITZ, PLATZ, KOMM. Sagen Sie nicht NEIN; das könnte ihn dazu bringen, daß er das Objekt fallenläßt. Wenn er will, daß Sie ihn nach dem Objekt jagen lassen, bewegen Sie sich von ihm fort. Tun Sie so, als bemerkten Sie ihn gar nicht. Wenn Sie ihm die Gelegenheit geben, wird er schon kommen. Nehmen Sie ihm nicht jedesmal seine Trophäe ab.

Ausgezeichnet! Nun kommt ein Stück Rundholz ins Spiel. Zehn oder zwölf Zentimeter von einem alten Besenstiel genügen — für einen sehr kleinen Hund besorgen Sie im Baumarkt ein dünneres Stück. Stecken Sie das Holz in die rechte Gesäßtasche, das abgerundete Ende nach unten. Der Hund sitzt neben Ihnen, Position SITZ, und Sie halten die Leine in der linken Hand. Nehmen Sie das Holz in die rechte Hand, und halten Sie es dem Hund direkt vor den Fang. Sagen Sie das Kommando NIMM. In dem Augenblick, in dem er das Maul öffnet, stecken Sie den Stab hinein und loben den Hund sofort dafür. Es macht nichts, wenn er den Stab wieder ausspuckt. Versuchen Sie es ein zweites Mal. Alles kommt darauf an, daß Sie ihn schnell genug loben. Wenn er sehr widerspenstig ist, schieben Sie das Halsband hoch bis unter die Schnauze und stecken die Hand unter das Band (siehe die Illustration gegenüber). Zunächst halten Sie den

**Mit einer Drehung der Hand unter dem Halsband
bringen Sie ihn zum Zupacken.**

Hund damit nur fest, so daß er den Kopf nicht von dem Stab wegdrehen kann. Ruhig und mit Nachdruck wiederholen Sie das Kommando NIMM. Wenn er das Holz nimmt, loben Sie ihn sofort. Als nächstes machen Sie etwas ganz anderes mit ihm. Sie dürfen ihm nicht mit dem Apportieren zur Last fallen, aber setzen Sie es immer wieder auf den Lehrplan. Selbst wenn Sie diese Übung sechsmal hintereinander machen, werden es nur zwei oder drei Minuten sein. Zwischendrin arbeiten Sie an seinem Gehorsamstraining oder gönnen ihm eine Pause und spielen Ball mit ihm.

Ihr Hund nimmt also nun den Stab ins Maul, und Sie können gezielt das Zufassen üben, was ein wenig Druck erfordert. (Wenn Ihnen das sehr unangenehm ist, lassen Sie dieses Kapitel am besten aus. Ihr Hund *muß* ja nicht unbedingt apportieren können.)

Schieben Sie das Halsband ganz nach oben, und fassen Sie es so, daß Sie den Ring oberhalb des Daumens haben. Ballen Sie die Hand zur Faust, und zwar so, daß der Ring weiterhin oben ist, und ziehen Sie im Uhrzeigersinn. Diese Bewegung zwingt den Hund, den Kopf vorzustrecken und die Schnauze zu öffnen. Und schon faßt Ihr Hund seinen Stock! Auch hier kommt wieder alles auf das Timing an. Lassen Sie sofort mit dem Druck nach, wenn Ihr Hund den Stock nimmt, und *loben Sie ihn*.

Halten Sie bei jeder Runde den Stock weiter weg von der Schnauze. Wenn der Hund den Stock nimmt und dann fallenläßt, macht das nichts. Aber loben Sie ihn in diesem Falle nicht. Nun muß Ihr Hund sich schon ein wenig strecken, um an den Stab heranzukommen, und damit sind Sie beide auf dem richtigen Wege. Denken Sie daran, daß Ihr Hund lernen soll, etwas vom Boden aufzuheben, und halten Sie den Stab bei jedem Versuch ein wenig tiefer. Das tut auch Ihren eigenen müden Knochen gut!

Auf die Abwechslung kommt es an

Lassen Sie sich etwas verraten: Ihr Hund kann sich viel länger konzentrieren, als Sie glauben. Aber genau wie Sie und ich verliert er die Konzentration, wenn er sich langweilt. Wechseln Sie diese kurzen Lektionen immer wieder mit Gehorsamsübungen ab und spielen Sie mit ihm mit seinen Lieblingsspielzeugen. Nun wird es Zeit für ein Apportel (ein hantelartiges Übungsgerät, das Sie im Tierhandel kaufen können). Damit geht es etwas mühsamer als mit dem Rundholz, aber Ihr Hund wird dadurch lernen, etwas vom Boden aufzuheben.

Drehen Sie das Halsband nur, wenn Ihr Hund sich konstant weigert. Wenn Sie sagen: NIMM, sollte er sich mit Begeisterung auf das Apportel stürzen. Allmählich wird er süchtig nach all dem Lob, das er in Worten und Zärtlichkeiten bekommt. Wenn Sie nun auch nur ein kleinwenig am Halsband ziehen, wird er vorpreschen und die Hantel fassen. Keine zehn Pferde bringen ihn nun davon ab — er ist ja schließlich kein Dummkopf.

Halten Sie die Hantel immer näher an den Boden. Lassen Sie das Halsband hochgezogen, fassen Sie aber jetzt nicht mehr mit der Hand darunter. Es genügt, wenn er es am Hals spürt und weiß, daß Sie auch zuziehen können. Nun versuchen Sie es mit der Hantel am

Boden. Sie werden es nicht glauben, aber jetzt kommen Sie wirklich voran. Keine zehn Pferde bringen Sie nun davon ab — Sie sind ja schließlich kein Dummkopf.

Wenn Ihr Hund erst einmal ein Apportel vom Boden aufhebt, und das mit immer weniger Druck, versuchen Sie es mit dem Rundholz — und wenn er das kann, das gleiche noch einmal ohne angezogene Leine. Im Laufe der Übungen wird er Selbstvertrauen gewinnen und braucht immer weniger Ansporn. Das ist der richtige Augenblick, ihm beizubringen, daß er Dinge, die er fallenläßt, wieder aufhebt. Sagen Sie einfach nur NIMM und nehmen Sie das Halsband zu Hilfe, wenn es sein muß. Binnen kurzem werden Sie ihn soweit haben, daß er alles, was er aufhebt, auch im Maul behält.

Jetzt bringen Sie ihm das Wort GIB bei. Sie sollten ihn soweit bringen, daß er auf dieses Wort hin das Apportierte ohne Widerstand losläßt. Wenn er das Apportel festhält, fassen Sie es mit einer Hand, mit der anderen greifen Sie über die Schnauze und zwingen ihn, das Maul zu öffnen. Dazu sagen Sie wiederum das Wort GIB und loben ihn dann.

Nun hat sich Ihr Hund eine Belohnung verdient. Sein nächstes Übungsobjekt wird er mit Begeisterung annehmen — eine Schachtel Hundefutter. Sie läßt sich leicht fassen und wiegt nicht viel. Er wird betört von dem Duft und dem munteren Rasseln sein. Kommandieren Sie SITZ, während er die Schachtel im Maul hat. Als nächstes versuchen Sie es mit einer zusammengerollten Zeitschrift, die Sie mit einem Klebstreifen zusammenhalten, damit sie sich nicht aufrollt.

Nicht mehr lange, und Ihr Hund wird alles apportieren. Klopfen Sie sich auf die Schulter, und geben Sie Fido einen Hundekuchen. Der erste Schritt zum Broadway ist getan!

THEMA UND VARIATIONEN

Sie sind zu Recht begeistert, daß Ihr braver Fido nun ein Rundholz, ein Apportel und eine Schachtel Hundefutter apportieren kann. Aber finden Sie nicht auch, daß er ein größeres Repertoire haben sollte? Wie oft werden Sie denn schon eins von den dreien in der Tasche haben, wenn er ein wenig Auslauf bekommen soll? Das waren Übungswerkzeuge; nun ist die Zeit gekommen, daß Sie ihn nach diesen Grundmethoden systematisch dazu bringen, alles zu apportieren, was ihm vor die Nase kommt. Behalten Sie immer im Kopf, daß Sie sofort mit Nachdruck einschreiten müssen, wenn er zögert. Versuchen Sie also nicht, ihm etwas neues beizubringen, wenn Ihre Tante Frieda gerade danebensteht. Niemand sieht es gern, wenn Sie Ihre Kinder »in aller Öffentlichkeit« tadeln oder Ihren Hund erziehen.

Testen Sie Ihren Apportierhund mit einer Schachtel Zigaretten, mit Schals aus verschiedenen Stoffen, Schlüsseln in Ledermäppchen. Wenn er das alles gemeistert hat, gehen Sie zu Schlüsselringen ohne Mäppchen vor — er muß sich an den Geschmack von Metall gewöhnen. Eventuell wird etwas Nachhilfe nötig sein. Sie können es mit Münzen versuchen — gehen Sie von größeren zu kleineren vor —, aber achten Sie darauf, daß er keine verschluckt, und erwarten Sie

Zuerst bringen Sie ihm das Schwimmen bei.

nicht, daß er Ihnen passend herausgibt! Während er lernt, was er alles apportieren kann, sagen Sie jeweils den Namen des Objekts dazu. So erweitern Sie zugleich seinen Wortschatz. Ihr Hund sollte nun gute Fortschritte machen, doch wird nicht alles so glatt gehen, wie Sie es sich wünschen. Geduld und Ausdauer sind nach wie vor vonnöten, und Sie müssen loben, loben, loben.

ETWAS AUS DEM WASSER HOLEN

Zählen Sie zu den Glücklichen, die am Wasser wohnen? Es ist ein wunderbares Freizeitvergnügen für Ihren Hund, aus dem Wasser zu apportieren. Ist er bereits geschwommen, dann können Sie als erste Übung einen Stock ins Wasser werfen, den er zurückholt. Sie werden dabei nicht trocken bleiben, denn er wird möglichst nah an Sie herankommen, bevor er sich schüttelt.

Wenn Fido noch nie im Wasser war, werden Sie ihm am ehesten das Schwimmen beibringen, indem Sie selbst in die Fluten steigen. Suchen Sie sich eine hübsche Stelle, und gehen Sie an einem warmen Tag schwimmen. Er wird keine große Ermunterung brauchen zu folgen — er will ja nicht allein am Ufer bleiben. Schwimmen Sie hin und her, rufen Sie ihn, schwimmen Sie von ihm fort. Kommen Sie ihm nicht zu nahe, solange er unsicher ist, sonst wird er Sie kratzen. Machen Sie ihm Mut, und loben Sie ihn. Nun ist er beinahe olympiareif und wird ohne weiteres Stöcke aus dem Wasser holen.

3
TRICKS
MIT NASE

Such!
Find den Ball!
Jemanden aufspüren
Eine Botschaft überbringen

Kein Mensch, auch wenn er noch so intelligent ist, kann es in puncto Geruchssinn mit einem Hund aufnehmen. Und wir bestaunen diese Fähigkeit umso mehr, je unverständlicher sie ist — die Art, wie Hunde Spuren aufnehmen und verfolgen, ist noch kaum erforscht. Aber nicht nur Sie selbst werden Ihre Freude daran haben, wenn Sie sich die feine Nase Ihres Hundes zunutze machen: Ihr Hund wird begeistert sein, wenn er zeigen darf, was er kann, und womöglich sogar noch etwas dazulernt. In diesem Falle wird Fido auch ohne Lob sein Bestes geben, aber Sie werden ihn trotzdem damit überhäufen. Warten Sie nur ab!

SUCH!

Welchen Reiz dieser Trick für Ihren Hund hat, wird auf Anhieb klar.
Sie kommandieren SITZ UND BLEIB, halten ihm einen Hunde-
kuchen oder sonst ein trockenes Stück Futter vor die Nase und lassen
ihn daran schnuppern. Wenn er danach schnappt, sagen Sie NEIN.
In diesem Falle muß die Hand schneller sein als das Maul. Fordern
Sie ihn noch einmal auf zu riechen. Wenn Sie sehen, daß die Nasenlöcher sich bewegen, loben Sie ihn und nehmen das Stück dann weg.
Legen Sie es ein oder zwei Meter vor ihm auf den Boden, aber so, daß
er es noch sehen kann. Sagen Sie GUT und SUCH! Das GUT hebt das
Sitz-Kommando auf, und er wird sofort zu dem Futter hinüberlaufen
und es fressen. Dafür können Sie ihn nun überschwenglich loben.
Üben Sie, bis er weder nach dem Bissen schnappt noch aufspringt,
bevor Sie es ihm erlauben.

Dann legen Sie den Hundekuchen allmählich immer weiter fort.
Inzwischen ist Ihr Hund vom Jagdfieber gepackt, und er genießt es
doppelt, weil er nicht nur gelobt wird, sondern auch noch zu fressen
bekommt. Jetzt ist er soweit, daß er den Hundekuchen auch suchen
wird, wenn Sie ihn verstecken. Lassen Sie ihn sehen, wie Sie den
Bissen ins Nebenzimmer tragen. Legen Sie ihn an eine offensichtliche
Stelle, so daß er ihn zunächst auf Anhieb findet. Diese Erfolgs-
erlebnisse braucht er, um das richtige Selbstvertrauen aufzubauen.
Lassen Sie ihm nichts durchgehen — er darf den Bissen nicht beim
Schnüffeln bekommen oder loslaufen, solange er noch sitzen soll. Als

nächstes verstecken Sie den Bissen an einer etwas erhöhten Stelle, etwa auf der ersten Treppenstufe oder einem unteren Regalbrett. Loben Sie ihn ausgiebig, wenn er ihn findet. Nach und nach erhöhen Sie die Schwierigkeit, legen den Bissen eine Stufe höher oder vielleicht zwischen zwei Bücher im Regal. Machen Sie ihm Mut bei der Arbeit.

Jetzt gehen Sie mit ihm von Zimmer zu Zimmer, damit er dahinterkommt, wo der Leckerbissen versteckt ist. Wenn er große Mühe hat, sind Sie wahrscheinlich zu schnell vorangegangen; gehen Sie einen Schritt zurück, und üben Sie ein paarmal mit leichter zu findenden Bissen. Wenn er andererseits schnell vorankommt, versuchen Sie es einmal mit einem Versteck hinter dem Vorhang oder in Ihrer Hosentasche.

FIND DEN BALL!

Ihr Hund wird mit Begeisterung SUCH! spielen, weil er dann mit seinem guten Geruchssinn glänzen kann. Dieser Trick und die folgende Variante funktionierten auch gut, wenn Sie mehrere Hunde haben. Alle Hunde spielen gleichzeitig, und derjenige, der den Bissen findet, gewinnt die Runde. Sie brauchen nicht mitzuzählen — den Hunden ist das egal. Ihnen kommt es nur auf den Spaß an.

Als nächstes können Sie SUCH! mit einem Ball spielen. Damit es gut funktioniert, sollte Ihr Hund das Apportieren gelernt haben.

Dann wird er Ihnen den gefundenen Ball bringen, um Lob dafür einzuheimsen. Sie können sogar in einem anderen Zimmer sein — Sie schicken ihn los und warten, bis er mit dem Ball zurückkommt. Sie werden sehen, wie stolz er ist, daß er selbständig arbeiten darf.

Fangen Sie damit an, daß Sie den Hund am Ball riechen lassen. Sagen Sie SITZ, und gehen Sie dann ohne Hast die Schritte durch, die beim vorigen Trick beschrieben sind. Wenn er erst einmal den Ball in schwierigeren Verstecken gefunden hat und ausgiebig gelobt worden ist, befehlen Sie NIMM und lassen ihn zu der Stelle zurückkommen, an der das Spiel begann. Er wird also lernen, etwas zu suchen, es zu nehmen und zu Ihnen zurückzubringen. Auch hier nehmen Sie zunächst wieder offensichtliche Verstecke und erhöhen dann allmählich den Schwierigkeitsgrad. Sie dürfen den Hund nicht überfordern — er muß Schritt für Schritt lernen und dabei immer das Gefühl haben, daß er seine Sache gut macht.

Ganz nebenbei können Sie bei diesem Spiel auch das Vokabular Ihres Hundes vergrößern. Lassen Sie ihn nach dem Ball einen Handschuh, eine Schachtel Hundefutter, ein Brillenetui und so weiter finden. Dann legen Sie diese Dinge in einer Reihe vor ihn hin und fordern ihn *mit dem entsprechenden Wort* auf, Ihnen eins nach dem anderen zu bringen. Das wird ihm nicht weiter schwerfallen, da er ja bei den vorigen Übungen die Namen all dieser Dinge gelernt hat. Sind Sie so weit? Dann heraus mit dem Ball!

JEMANDEN AUFSPÜREN

Wenn Sie einen Bluthund und eine Schwäche für Krimis haben und gleich neben der Haftanstalt wohnen, können Sie sich die Lektüre dieses Kapitels sparen. Besorgen Sie sich ein anständiges Buch über Spürhunde. Es wäre unmöglich, an dieser Stelle alles zu sagen, was Sie zu dem Thema wissen wollen. Hier soll der Spürsinn des Hundes zu harmloseren Zwecken eingesetzt werden. Das macht mehr Spaß und ist auch nicht so gefährlich wie die Jagd nach flüchtigen Verbrechern.

Ihr kluger Hund kann jemanden suchen, indem er einfach so lange probiert, bis er ihn gefunden hat (für sich schon kein schlechter Trick), aber Sie können auch seinen Spürsinn gezielter einsetzen (ein imposanter Trick). Sagen Sie Bello, er soll Ihren Sohn Tom suchen. Den Namen Tom hat er schon Hunderte von Malen gehört. Wahrscheinlich wird er im Haus herumstöbern, weil er nicht recht weiß, was Sie von ihm wollen. Geben Sie ihm einen Tip. Und präparieren Sie vorher Tom für die Rolle. Spielen Sie es, wie die Kinder »warm und kalt« spielen, und machen Sie ihm immer wieder mit Worten Mut. Wenn er dann zufällig vor Ihrem Sohn steht, sollten Sie und Tom ihn überschwenglich loben. Üben Sie das noch ein paarmal, und tauschen Sie dabei auch mit Tom die Rolle.

Wenn Ihr Hund noch mehr zeigen soll, was seine Nase kann, nehmen Sie ihn mit hinaus in die Natur. Lassen Sie Ihren Sohn fünf – sechs Meter vorgehen, aber so, daß er in Sichtweite bleibt.

Mit erhobener Schnauze nimmt er die Witterung auf.

Schicken Sie Ihren Bello los, Tom suchen. Halten Sie ihn an der Leine (nein, nicht Tom — den Hund!), lassen Sie sich von ihm mitziehen und sorgen Sie dafür, daß Tom ihn mit offenen Armen und großem Hallo empfängt. Erhöhen Sie die Schwierigkeit nach und nach, bis Tom sich außer Sichtweite versteckt.

Der Hund wird Ihren Sohn entweder anhand der Spuren finden, oder er wird ihn wittern. Wenn er der Spur folgt, hat er die Nase am Boden und nimmt die Fährte auf. Hält er die Nase in die Luft, so spürt er den Gesuchten mit seiner natürlichen Witterung auf. Der Geruch breitet sich vom Gesuchten mit zunehmender Entfernung kegelförmig aus. Je weiter Bello von Tom entfernt ist, desto schwächer und diffuser wird die Witterung. Bei schwierigeren Aufgaben wird er vielleicht nicht direkt auf das Ziel zusteuern. Er wird in Schlängelbewegungen gehen oder, wenn der Wind entsprechend steht, von der Seite herankommen. Je stärker die Witterung wird, desto schneller wird er laufen. Vertrauen Sie ihm. Selbst wenn Sie eine Nase wie Jimmy Durante haben, werden Sie nicht feststellen können, wo der Geruch am stärksten ist.

Doch zurück in die Natur und zu Ihrem Sohn, der inzwischen hungrig und müde ist. Noch ein letzter Versuch. Fordern Sie Bello noch einmal auf: SUCH!, und machen Sie sich darauf gefaßt, daß nun Tempo in die Sache kommt. Wenn Sie genügend Zeit investieren und dafür sorgen, daß möglichst viele verschiedene Personen zur Verfügung stehen, werden Sie aus diesem Trick mehr über Hunde und ihre Begabung lernen als aus beinahe jedem anderen. Wenn Sie es ihm nicht ganz so schwer machen wollen, bleiben Sie im Haus und schicken Bello nacheinander zu allen Familienmitgliedern, wo er von jedem gelobt wird. Er wird begeistert sein, daß er Aufmerksamkeit bekommt und ein wenig rennen und ungehindert schnüffeln darf.

EINE BOTSCHAFT ÜBERBRINGEN

Dies ist ein Trick, der selbst im kleinsten Haushalt seinen Nutzen hat — es sei denn, Sie leben allein. Die Botschaft muß kein Liebesbrief sein — obwohl wir Ihnen ausdrücklich raten, es einmal damit zu versuchen. Eine solche Botschaft kann etwas sein wie »Bring Oma die Brille« oder »Hier hast du das Scheckbuch — zahl deine Schulden« und natürlich auch: »Hier ist der Kugelschreiber dazu«. Wenn Ihr Hund nicht gerade ein absoluter Meister ist, sollten Sie ihn allerdings nicht unbedingt zum Überbringen von Käsesandwiches nehmen. Aber wenn er ein guter Apportierhund ist, warum soll er dann nicht arbeiten? Wird er sich ausgebeutet fühlen? Nicht im geringsten! Er hilft Ihnen, und dabei ist es für ihn nichts weiter als ein aufregendes Spiel.

Sie haben den Apportierkurs mit Erfolg absolviert, und nun ist es Zeit für ein wenig Vergnügen. Ihr Prachtexemplar Gracia soll zeigen, was sie kann. Beziehen Sie nicht weit von Ihren sechs Kindern Stellung — es ist ein Trick, den Kinder lieben. Befehlen Sie Gracia BRING — BRING ES BABETTE, und lassen Sie dann Babette den

Je romantischer, desto besser!

Hund rufen. Betonen Sie den Namen des Kindes. Es ist wichtig, daß die Botschaft auch an den richtigen Empfänger kommt — gerade bei einem Liebesbrief. Nun wird Gracia unter allgemeinem Beifall hinüber zu Babette trotten und das Lob ernten, das ein guter Botenhund verdient. Als nächstes sagt Babette zu Gracia: PAPPI, BRING ES PAPPI! Es sollte allerdings ein anderes Objekt sein, das sie zurückschickt. Es würde den Hund verwirren, wenn er immer mit dem gleichen Stück im Maul kreuz und quer durchs Haus läuft. Erhöhen Sie den Abstand, bis Sie und der Hund in verschiedenen Zimmern sind. Nehmen Sie fünf Kinder mit, und machen Sie die nächste Übung mit einem davon; Sie wollen ja nicht, daß Ihr Hund *alles* zu Babette bringt. Er muß lernen, auch den Namen in Ihrem Kommando zu verstehen.

Überlegen Sie doch nur, welche praktischen Möglichkeiten sich mit diesem Trick eröffnen! Der Farmer auf dem Feld kann sich den Strohhut von seinem Hund holen lassen. Wenn Sie den Schnee aus Ihrer Auffahrt schaufeln, wird Ihr Hund mit den Fäustlingen kommen. Wenn Sie in einem vierstöckigen Haus ohne Fahrstuhl wohnen, können Sie Ihrem Kind Einkaufszettel und Geld per Hund hinunterschicken — immer vorausgesetzt, daß Gracia nicht im Treppenhaus ausgeraubt wird! Und genau das Richtige, um jemandem eine heimliche Botschaft zukommen zu lassen. Was man nicht alles aus Liebe tut!

4
EIN PAAR KLASSIKER

Gib Pfötchen!
Toter Hund
Die Rolle
Mach schön!
Betender Hund
Balancieren und fangen
Bring die Zeitung!
Auf den Hinterbeinen gehen

Es folgen ein paar der besten klassischen Tricks. Nein, die sind nicht von uns — *so* alt sind wir nun auch wieder nicht! Aber auch wenn diese Tricks für manche ein alter Hut sind, können Sie doch niemandem sagen, daß Ihr sagenhafter dressierter Hund kein Pfötchen geben oder sich nicht totstellen kann. Und Sie werden auch staunen, was für einen Bombenerfolg Sie nach wie vor mit diesen Standardnummern haben können — manche schulbuchmäßig, andere ein wenig origineller abgewandelt. Glauben Sie uns — Sie sollten das nicht überspringen.

GIB PFÖTCHEN!

Das ist ein Trick, den jeder kann. Sie sagen einfach GIB PFÖTCHEN! und greifen sich dabei Harpos Pfote. Machen Sie das immer und immer wieder. Die Zahl der notwendigen Übungen wird kleiner sein, wenn Sie Ihren Hund wirklich gut kennen. Ein Hund wird beim Unterricht manchmal unwillkürlich die Pfote heben, ohne daß er weiß, was er tun soll. Er stupst Sie mit der Pfote an, wenn er Aufmerksamkeit will, wenn er getätschelt oder gekrault werden will. Und genau das tun Sie — ihn tätscheln und kraulen —, *nachdem* Sie GIB PFÖTCHEN gesagt haben. Hunde geben meist die linke Pfote — die meisten Menschen sind Rechtshänder und greifen zur Pfote, die ihnen am nächsten liegt. Was für eine Szene aus einem Detektiv-roman! — Nick Knatterton findet am Tatort einen Hund, den der Täter zurückgelassen hat. Er sagt GIB PFÖTCHEN, und der Hund hebt die rechte Pfote. »Aha!« ruft der Meisterdetektiv. »Der Täter ist Linkshänder!«

Das gibt Ihnen aber auch die Möglichkeit, diesen alten Trick ein wenig aufzumöbeln. Sagen Sie zu Harpo GIB DIE ANDERE PFOTE! Der brave alte Hund, der ja Ihre Aufmerksamkeit will, wird sich mühen, Ihnen auch die andere Extremität hinzustrecken. Fassen Sie sie, loben Sie ihn, sagen Sie ihm, was für ein großartiger Hund er ist, und Sie haben schon fast gewonnen.

Ein Hund streckt auch die Pfote aus, wenn er in eine unterwür-fige Haltung geht, weil er etwas angestellt hat. Es ist die erste Stufe des Demutsverhaltens eines Hundes, an dessen Ende das Sich-Rollen steht. Wenn er die Pfote hebt, geben Sie das Kommando, greifen die Pfote und reden freundlich mit ihm. Tun Sie das aber nicht, wenn er Ihnen gerade Ihren Perserteppich ruiniert hat. Wenn er Ihnen eine Pfote hinstreckt, sagen Sie mit Nachdruck: NEIN, GIB DIE ANDERE PFOTE. Sofort wird er die andere hinhalten. Nehmen Sie sie, und loben Sie ihn. Nun können Sie die Übung erweitern: LINKE PFOTE, RECHTE PFOTE. Sie können mit Ihrem Hund auch schon glänzen, bevor er alles beherrscht. Wenn Sie das »Nein, nicht *die* Pfote, die *rechte* Pfote, und jetzt die andere Pfote, die linke Pfote, nein, die *andere* Pfote« wirklich geschickt einsetzen, wird es effektvoller wirken als ein simples Kommando.

TOTER HUND

Mit diesem Trick haben Sie das Publikum in der Tasche, wenn Sie es nur ein wenig geschickt anstellen. Damit dieser Klassiker wirkt, sollte Ihr Hund reglos auf der Seite liegen — in dieser Stellung ist die Hoffnung, daß er liegenbleibt, größer, als wenn er auf dem Bauch liegt. Das Kommando PLATZ kennt er natürlich schon. Sagen Sie PLATZ, und achten Sie darauf, auf welche Seite er sich legt. Knien Sie sich auf der entsprechenden Seite neben ihn, und geben Sie ihm einen leichten Klaps auf die Schulter, so daß er sich zur Seite rollt. Geben Sie das Kommando PENG! (Ja — PENG! Nur Geduld.) Wenn

In der Blüte seiner Jahre dahin.

Ihr Purzel sich legt, tätscheln Sie ihn und kraulen ihn am Bauch. Wenn er sich ganz auf den Rücken dreht, rollen Sie ihn vorsichtig wieder zurück und geben ihm einen Klaps auf die Schulter. Die beste Zeit, das zu üben, ist nach einem anständigen Spaziergang, wenn er sich gern schlafen legen möchte. Verlängern Sie die Zeitspanne, die er sich totstellen soll, nach und nach, und versuchen Sie es nicht, wenn er gerade in unternehmungslustiger Stimmung ist.

Nun wo Purzel die Sache verstanden hat, zeigen Sie mit dem Finger auf ihn und sagen PENG! Und siehe da, er wird zu Boden gehen, niedergeschossen in der Blüte seiner Jahre, wird sich auf die Seite legen und reglos liegenbleiben, bis Sie ihn mit Ihrem begeisterten Lob erlösen. Wenn Sie eine Engelsgeduld haben, können Sie Purzel so weit bringen, daß er vollkommen schlaff daliegt, wenn er sich totstellt. Lullen Sie ihn ein: hypnotisieren Sie ihn mit sanfter, einschläfernder Stimme. Wenn Sie das gut genug machen, werden Sie seinen Schwanz oder ein Bein anheben können, und wenn Sie es fallenlassen, wird es herunterplumpsen wie tot. Dazu brauchen Sie Ihrem kleinen Schauspieler nichts über den Weg alles Irdischen zu erzählen. Liebkosen Sie ihn, beruhigen Sie ihn mit Ihrer Stimme, heben Sie ganz behutsam sein Vorderbein, und lassen Sie es wieder fallen. Fahren Sie ihm mit dem Finger über die Augen, so daß er blinzelt und sie schließt. Und dabei sagen Sie ganz sanft: PENG! STELL DICH TOT. Denken Sie nur an den Spaß, den Ihre Kinder haben werden, ihn wieder »zum Leben zu erwecken«.

DIE ROLLE

Das Totstellen ist die Vorstufe zum Kommando ROLL DICH! Es ist eine Übung, die Sie machen sollten, wenn Sie und Purzel bester Laune sind, am besten in der Zeit, in der er herumtollen darf. Purzel wird sich immer gegen die Richtung drehen, in die seine Beine zeigen. Man kann ihm zwar beibringen, immer nur in eine Richtung zu rollen, aber es macht viel mehr Eindruck, wenn er sich hin- und herrollt. Dazu muß er das Totstellen auf beiden Seiten lernen.

Purzel stellt sich also tot. Fassen Sie die Ihnen abgewandten Beine, und drehen Sie ihn rasch, aber doch behutsam zu sich hin. Sagen Sie dazu ROLL DICH. Nach der Rolle darf er aufstehen, und Sie spielen mit ihm. Er muß bei der Rolle nicht unbedingt ganz liegenbleiben, aber sorgen Sie dafür, daß er sich wirklich rollt und nicht einfach nur aufspringt. Beim Üben bringen Sie ihm ein Handzeichen bei: Vollführen Sie mit der rechten Hand eine Kreisbewegung *in der Richtung, in der er sich drehen soll.* Wenn er das gelernt hat, können Sie ihm allein durch Handzeichen zu verstehen geben, daß er sich zuerst in die eine, dann in die andere Richtung rollen soll. Das soll Ihnen erst einmal jemand nachmachen!

Wenn Purzel Geschmack an der Sache gefunden hat, treten Sie weiter und weiter zurück. Den Abstand werden Sie brauchen, wenn Sie wirklich mit Purzel ins Showgeschäft wollen. Sie sollen ja nicht dem Kameramann im Nacken sitzen — Sie müssen Ihrem Star die Regieanweisungen unauffällig und aus der Ferne geben. Wenn Purzel nicht mitspielt — aus den Augen, aus dem Sinn —, legen Sie ihn an die Leine. Ziehen Sie die Leine vom Halsband aus unter dem ausgestreckten Vorderbein durch. Sagen Sie ROLL DICH, und ziehen Sie dabei die Leine aufwärts. Sobald er rollt, lassen Sie die Leine wieder locker, damit die Beine sich nicht darin verfangen. Sie brauchen Geschick mit der Leine, sonst könnte der Hund stürzen.

Jetzt lassen Sie Purzel bei Fuß sitzen. Sie schlendern vorüber, zeigen mit dem Finger auf ihn und — PENG! Machen Sie nun die Kreisbewegung mit der Hand, und er vollführt eine Rolle — mehrere sogar, wenn Sie wollen. Klopfen Sie sich ans Bein, und er sitzt wieder bei Fuß. Nun noch einmal von vorn — und noch einmal. Jetzt noch ein Clownskostüm, und Sie sind im Geschäft.

MACH SCHÖN!

Mehr als jeder andere ist das ein Trick, den die Hunde sich selbst beibringen, und Herrchen oder Frauchen heimst in aller Bescheidenheit die Ehre dafür ein. Aber tun Sie es ruhig. Ihrem Hund ist das egal.

Genau wie überall im Leben ist auch bei diesem Trick die richtige Position das Entscheidende. Ihr Hund muß zunächst lernen, auf seinem Hinterteil zu sitzen. Wie ein Haus auf den Fundamenten, baut dieser Trick auf dem Hinterteil des Hundes auf. Manche Hunde versuchen es mit gekrümmtem Rücken, und manchen gelingt es sogar, so zu sitzen, aber das ist nicht die richtige Haltung und wird ihn auch schnell zum Aufgeben bringen.

Mehr als jeder andere ist das ein Trick,
den die Hunde sich selbst beibringen.

Wenn man ihm einen Bissen zwischen die Vorderbeine hält, wird er den Kopf schon neigen.

Wie bringt man einen Hund zum »Schönmachen«, wenn er es nicht von sich aus tut? Dazu braucht man viel Feingefühl mit der Leine. Der Druck darf nicht so stark sein, daß Sie ihn würgen, aber Sie dürfen ihn auch nicht so locker halten, daß er mit den Vorderpfoten aufsetzt oder gar umfällt, solange MACH SCHÖN gilt. Timing und der richtige Druck entscheiden über den Erfolg. Sie wollen Ihrem Hund eine Körperhaltung beibringen, bei der das Hinterteil flach auf dem Boden liegt und das Gewicht des Brustkastens senkrecht auf dem Hinterteil lastet, und die Vorderbeine sollen neben dem Brustkorb abgewinkelt sein, damit sie ihn nicht aus der Balance bringen. Von der Seite gesehen sollte der Rücken des Hundes gerade sein. Es darf keine S-Form sein und nicht aussehen wie der Schiefe Turm von Pisa. Der Hund darf auch nicht auf der Suche nach einer Stütze die Vorderbeine ausstrecken. Das würde das Gewicht nach vorn verlagern, und er würde kippen.

Es gibt eine Reihe von Kniffen, die beim Unterricht hilfreich sein werden. Sie können den Hund in eine Ecke bugsieren und ihn dann mit der Leine am Halsband allmählich hochhieven. Mit dem Rücken zur Wand wird er sich sicherer fühlen, und Sie ebenfalls — wenigstens können Sie dann sicher sein, daß er nicht nach hinten kippt. Aber wir empfehlen einen anderen Kniff, der überall und nicht nur in einer Zimmerecke anzuwenden ist: Sie selbst stützen Ihrem Hund den Rücken. Wenn der Hund sitzt, stellen Sie sich direkt hinter ihn, in einer Haltung, die Sie Charlie Chaplin abgeschaut haben. Ihre Füße, die Hacken zusammen, vorne gespreizt, liegen an seinem Hinterteil an. Ihre Beine stützen ihm den Rücken. Sie stehen direkt über ihm und können ihn leicht an der Leine emporziehen. Keine Mauern engen Sie ein, und Ihr Hund fühlt sich sicher im Schutz Ihrer Beine. Nun müssen Sie ihm nur noch die Vorderbeine neben dem Brustkorb abwinkeln und ihn loben, daß er es gut gemacht hat.

Ob Sie es nun mit der einen oder der anderen Methode versuchen, der Erfolg hängt immer von der richtigen Position von Hinterteil, Brustkorb, Vorderbeinen und sogar dem Kopf ab. Wenn Sie das beachten und geschickt den Druck der Leine nachgeben oder verstärken, wird der Hund beim Aufrichten sein Gleichgewicht halten. Wenn er allmählich begreift, worauf Sie hinauswollen, können Sie ihn mit einem Stück Käse zum aufrechten Sitzen locken. Lassen Sie ihn nach und nach immer länger in der MACH SCHÖN-Position sitzen, reden Sie mit ihm, und lassen Sie ihn ruhig ein wenig warten, bis er seinen Leckerbissen bekommt.

BETENDER HUND

In diesem Evergreen steckt eine Reihe von Kommandos, die Sie später bei anderen Tricks brauchen werden. Wenn Sie Mimi auffordern zu beten, wird sie die Vorderpfoten auf eine Fläche legen, die Sie ihr anweisen, und in frommer Haltung den Kopf darauflegen. Während Sie ein paar passende Worte sprechen, wird sie andachtsvoll in dieser Position verharren. Sagen Sie AMEN, und sie beendet ihr Gebet.

Zuerst bringen Sie ihr das Kommando PFOTEN HOCH bei. Das können Sie an einem Mäuerchen, der Kante Ihres Betts oder sogar an Ihrem Schoß üben. Mimi sollte im Sitzen beten, wenn es eine niedrigere Kante ist, oder im Stehen, wenn die Kante höher liegt. Klopfen Sie sich ans Bein, und sagen Sie PFOTEN HOCH. Wenn sie zögert (denn sicher haben Sie ihr ja beigebracht, daß sie *nicht* die Leute anspringen soll, und sie muß jetzt lernen, daß nur auf ein bestimmtes Kommando diese Regel nicht gilt), locken Sie sie mit einem Leckerbissen, an den sie nur herankommt, wenn sie die Pfoten auf Ihren Schoß legt. Sorgen Sie dafür, daß sie sitzenbleibt, loben Sie sie und sagen Sie BLEIB. Als nächstes kommandieren Sie VER-STECK DEN KOPF und halten den Bissen so tief zwischen die Vorderpfoten, daß sie den Kopf senken muß, um ihn zu bekommen (siehe Zeichnung Seite 60). Sagen Sie ein paarmal BETE, und halten Sie den Bissen so, daß sie nicht herankommt. In dem Augenblick, in dem Sie AMEN und BRAVES MÄDCHEN sagen, geben Sie ihr den Bissen und lassen sie abspringen. Wiederholen Sie das ein paarmal in jeder Übungsstunde.

Je besser Mimi es lernt, desto mehr reduzieren Sie die Komman-dos, so daß Sie am Ende nur noch BETE und AMEN sagen müssen. Jetzt können Sie anfangen, den Trick auszuschmücken. Ihren Gebe-ten (oder Mimis Gebeten, wenn Sie so wollen) sind allenfalls durch religiöse Gefühle Grenzen gesetzt. Sie kann beten, daß das Mittag-essen kommt, daß sie bald spazieren geht, daß sie einen hübschen Hundejungen kennenlernt, daß ihr Herrchen eine Gehaltserhöhung bekommt. Üben Sie mit Mimi das Beten an der Bettkante oder wo immer Sie es ihr beigebracht haben. Bringen Sie ihr Geduld bei, damit Sie immer längere und albernere Gebete sprechen können. An dem Tag, an dem Sie und Mimi ihre Audienz beim Papst haben, werden Sie froh sein, daß sie es gelernt hat.

BALANCIEREN UND FANGEN

Dieser beliebte Trick ist vergleichsweise einfach und macht trotzdem viel Eindruck. Das Balancieren und Fangen baut auf Kenntnissen auf, die Sie Ihrem Hund bereits beigebracht haben. Die Kommandos lauten MACH SCHÖN, BLEIB und GUT. Die beiden letzteren hat er bei seiner Grundausbildung gelernt, die wir in diesem Buch voraussetzen.

Mohrchen sitzt also auf seinen Hinterbacken, und Sie legen ihm einen Keks, ein Stück Käse oder einen Hundekuchen auf die Nase. Halten Sie ihn an der Schnauze fest, damit der Keks nicht herunterfällt. Aber Ihrem Hund läuft schon das Wasser im Munde zusammen, also rasch weiter. Sie sagen GUT und lassen los, Ihr Hund schnippt den Keks in die Luft und fängt ihn auf. Beim ersten Versuch wird der Keks allerdings eher quer durchs Zimmer fliegen. Und Mohrchen springt hinterher. Lassen Sie ihn gewähren; er braucht schließlich einen Anreiz, bis er den Trick beherrscht. Wenn er den Keks verspeist hat, bringen Sie ihn wieder zum Sitzen und sagen mit Nachdruck B-L-LEIB. Halten Sie die Schnauze mit Daumen und Mittel-

finger und balancieren Sie mit dem Zeigefinger den Keks gut aus. Dann kommt ein langsames GU-U-T. Der Hund muß gebremst werden, sonst hat er seine Sinne nicht gut genug zum Fangen beisammen. Wenn er aufgeregt ist, wird er den Keks nicht balancieren und ihm nur immer wieder wie der Blitz durchs Zimmer nachjagen. Wenn Sie Mohrchen erst einmal beruhigt haben, wird es auch mit dem Fangen klappen.

Nehmen Sie stets Bissen derselben Größe, und legen Sie sie immer auf dieselbe Stelle; Variationen erschweren das Lernen. Den meisten Hunden wird es am besten gelingen, wenn Sie den Bissen direkt hinter die Nasenspitze legen. Aber experimentieren Sie auch ein wenig, damit Sie für Mohrchen die richtige Stelle finden.

Der Trick ist einfach, aber er macht immer Eindruck, weil er vom Hund Selbstbeherrschung erfordert, und er zeugt von gutem Einvernehmen zwischen Ihnen und Ihrem vierbeinigen Freund. Und schließlich verbindet er noch das Angenehme mit dem Nützlichen — man macht ihm eine Freude und tut noch etwas für seine Erziehung.

BRING DIE ZEITUNG!

Ein Klassiker, der viel Arbeit spart. Sie brauchen einmal weniger vor die Tür, und gerade bei frostigem oder heißem Wetter ist das nicht zu verachten. Sie entspannen sich glücklich, und Ihr Hund arbeitet glücklich. Denn denken Sie immer daran — der arme Hund ist arbeitslos und den ganzen Tag lang auf der Suche nach etwas, was er tun kann.

Sie haben Ihrem Hund das Apportieren beigebracht und haben es mit den verschiedensten Dingen geübt. Nun nehmen Sie einen Bogen der Sonntagszeitung, rollen ihn zusammen und wickeln zum Fixieren zwei Streifen Klebeband darum. Sie werfen sie Ihrem Hund zu und sagen: NIMM! BRING DIE ZEITUNG! Wenn Sie bisher gute Arbeit geleistet haben, wird er das tun. Loben Sie ihn, und wiederholen Sie die Übung, sooft Ihnen danach zumute ist.

Als nächstes bringen Sie ihn dazu, seine Übungszeitung von draußen zu holen. Legen Sie sie dorthin, wo Ihr Zeitungsjunge sie läßt — vor der Tür, am vorderen Ende der Auffahrt oder in den Büschen. Wenn sie meistens auf dem Dach liegt, können Sie diesen Trick getrost vergessen — und geben Sie dem Zeitungsjungen kein Trinkgeld mehr! Wenn der Hund gelernt hat, wo er sie findet, üben Sie mit ihm, die zusammengefaltete Zeitung vom Boden aufzunehmen (wird Ihre in einer Plastikhülle oder gerollt mit Gummiband geliefert, dann sollte Ihr Übungsstück auch entsprechend aussehen). Wenn sie von nun an den vertrauten dumpfen Schlag hören und wissen, daß die Zeitung vor der Haustür gelandet ist, brauchen Sie nur noch die Tür aufzumachen und Wolfi aufzufordern: BRING DIE ZEITUNG! Wenn er natürlich zu denen gehört, die gern ausrücken, und Sie keinen Vorgartenzaun haben, sollte er zunächst einmal lernen, wie er sich im Freien ohne Leine benimmt. Wenn er aber schon gut erzogen ist, wird es nun nicht mehr lange dauern, bis er Sie um Hilfe beim Kreuzworträtsel bittet.

AUF DEN HINTERBEINEN GEHEN

Das ist ein Trick, der in keinem guten Repertoire fehlen sollte. Kleine Hunde beherrschen ihn oft wie von selbst, weil sie immer gern höher hinauf wollen, um zu sehen, was in der Welt vorgeht. Mit einem solchen Hund können Sie üben, indem Sie ihm einen Bissen über den Kopf halten und ihm diesen dann zur Belohnung geben, wenn er aufrecht gegangen ist. Das gleiche Verfahren bei einem großen Hund wäre auch für Sie recht anstrengend, und Sie müssen sich damit abfinden, daß dieser Trick einfach nicht für jeden Hund geeignet ist. Er ist ideal für Ihren Zwergpudel Fifi, doch Senta die Sennenhündin sollte sich vielleicht besser mit etwas anderem beschäftigen.

Unter MACH SCHÖN finden Sie die richtige Haltung von Hüfte, Brustkorb, Vorderbeinen und Kopf — die alle beim Gehen auf den Hinterbeinen genauso sind. Wenn Fifi ein Naturtalent ist, wird er von Anfang an die richtige Haltung einnehmen — wenn nicht, müssen Sie sie ihm beibringen.

Legen Sie ihm ein flaches Lederhalsband um, und nehmen Sie eine normale Leine. Nehmen Sie die Leine in die linke Hand, einen Bissen in die rechte, ziehen Sie an der Leine senkrecht nach oben und sagen Sie GEH! Halten Sie die Leine so, daß Fifi nicht sehen kann, daß sie eigentlich länger ist. Behalten Sie immer im Kopf, daß Fifis Körper schön aufrecht stehen muß. Sie werden einen Vorwärtsdrang spüren, wenn Fifi sich mit den Vorderpfoten abstützen will. Anfangs lassen Sie ihm das durchgehen, aber später muß er lernen, daß er die

Pfoten am Körper halten soll. Zwar soll er am Ende vorwärts gehen, aber im Augenblick ist es wichtiger, daß Fifi lernt, sich gerade zu halten. Das Kommando lautet AUF DIE … HINTERBEINE. Die Pause gibt ihm Gelegenheit, seine Balance zu finden. Je schneller er wird, desto kürzer wird die Pause.

Wenn Ihr Hund kein Naturtalent ist, sollten die Lektionen sehr kurz sein. Das Halsband ist ihm unbequem, und Sie wollen ihm ja nicht wehtun. Außerdem muß Fifi auch erst seine Muskeln kräftigen, bevor er ein längeres Stück gehen kann. Behalten Sie die Leine immer im Auge. *Es kommt darauf an, daß Sie die Leine locker lassen, sobald Fifi die richtige Haltung hat.* Er muß das als Belohnung empfinden. Die Lehrmethode ist der ständige Wechsel zwischen Zwang (ihn an der Leine emporziehen) und Nachlassen des Zwangs (die Leine genau in dem Augenblick locker lassen), und am Ende jeder Lektion gibt es eine Belohnung. Zwang wird erst notwendig, wenn Fifi aus der Balance kommt, weil er mit den Vorderpfoten ausgreift. Wenn er auch nur einigermaßen auf den Beinen bleibt, belohnen Sie ihn mit einem Bissen. Zeitgefühl und Gespür dafür, wie dem Hund zumute ist, sind bei dieser Übung entscheidend.

Wenn der Hund erst einmal auf den Hinterbeinen steht, locken Sie ihn mit dem Bissen voran, oder Sie ziehen ganz *langsam* die Leine vorwärts und sagen dazu GEH. Wenn Sie Fifi dazu gebracht haben, daß er geht, versuchen Sie es mit einem Kreis. Danach sind es nur noch ein paar kleine Schritte, bis Fifi tanzt.

5
ALBERNE TRICKS

Pfeife rauchen
Hut, Schal und Krawatte
Den Kinderwagen schieben
Der singende Hund

Gehören alberne Tricks wirklich zur Ausbildung eines Hundes? Aber ja. Es sind gute Tricks, denn die Zuschauer werden lachen und sich wohlfühlen. Natürlich ist es unanständig, *über* den Hund zu lachen, wenn er sich dumm anstellt, aber es ist ganz in Ordnung, *mit* ihm zu lachen. Er spürt, daß Sie sich freuen, und wird sich mit Ihnen freuen.

Außerdem ist auch der albernste Trick pädagogisch wertvoll. Wenn Sie ihm klar und aufrichtig etwas beibringen, dann üben Sie es, sich mit ihm zu verständigen, und er wird gelehrsamer und aufmerksamer. Und wenn Sie ein Spaßvogel sind, warum soll Ihr Hund da nicht mitmachen?

PFEIFE RAUCHEN

Diesen witzigen Trick werden Kinder und alberne Erwachsene mit Begeisterung aufnehmen. Er ist auch wunderbar für ein Gagfoto, wenn Sie Ihre eigenen Grußkarten machen. Kaufen Sie Hermann eine kleine, leichte Pfeife. Kränken Sie ihn nicht mit einer alten Pfeife. Kommandieren Sie SITZ UND BLEIB. Bieten Sie ihm einen Zug an, und sagen Sie NIMM. Stecken Sie ihm die Pfeife ins Maul, und sagen Sie zur Bekräftigung: NIMM, HALT FEST. Das versuchen Sie ein paar Tage lang jeweils ein, zwei Mal pro Übungsstunde. Dann spannen Sie Ihre Kamera, stecken Hermann die Pfeife in den Mund und drücken ab. Das ist der ganze Trick.

HUT, SCHAL UND KRAWATTE

Es wäre schade gewesen, diesen bezaubernden Unsinn nicht in unser Dressurbuch aufzunehmen. Vielleicht können wir ihm mit einer ernsthaften Überlegung ein wenig Gewicht geben. Wenn Sie Ihre Vorarbeiten ordentlich gemacht haben, wird Ihr Hund sich als Huhn verkleiden lassen, wenn Ihnen danach zumute ist. Und wenn nicht, brauchen Sie es mit der Nerzjacke gar nicht erst zu versuchen, die sie bestellt haben. Dieser Trick wird ein gutes Barometer sein, auf dem Sie den Grad der Vertrautheit zwischen Ihnen und Ihrem Hund ablesen können. Damit Coco sich etwas anziehen läßt, müssen Sie Coco wirklich beherrschen. Wenn sie in der Stellung SITZ und

Wie wär's mit maßgeschneiderter Garderobe für Coco?

BLEIB ist und es Ihnen oder Ihren Kindern in den Sinn kommt, ihr einen Hut aufzusetzen, einen Schal oder eine Krawatte umzubinden, dann sollte sie sich das gefallen lassen. Sie sollte ein T-Shirt anziehen können, auf dem »Kiss me, I'm Irish« steht, oder ein Paar Gummistiefel. Lassen Sie Ihrer guten Laune freien Lauf, und machen Sie ein paar hübsche Fotos. (Und wir würden uns freuen, wenn Sie uns die schönsten für unser nächstes Buch schicken würden.) Und bei diesen Albereien werden Sie sehen, wie Coco reagiert. Wenn sie sich auch mit ein wenig Nachdruck noch sträubt, dann braucht sie Nachhilfestunden in Gehorsam.

Ganz gleich, was Sie Coco gerade beibringen, nutzen Sie die Gelegenheit, ihren Wortschatz zu erweitern. Lassen Sie sie zum Beispiel den Hut holen und zu Ihnen bringen, und dann können Sie ihr als wahrer Gentleman helfen, ihn aufzusetzen. Dazu müssen Sie nicht den Hut in den Ring werfen — es reicht, wenn Sie ihn ans andere Ende des Zimmers werfen. Sagen Sie ihr NIMM, NIMM DEINEN HUT. Wenn sie das Wort »Hut« gelernt hat, legen Sie ihn an einen Ort, an den sie herankommt. Nun heißt es nur noch: O.K., COCO. ZEIT FÜR EINEN SPAZIERGANG. HOL DEINEN HUT!

DEN KINDERWAGEN SCHIEBEN

Wenn es Ihnen Spaß macht, Ihrem Hund alberne Kleider anzuziehen, dann ist das wohl der komischste Trick im Repertoire. Und trotzdem stiehlt ihm beim Auftritt im Zirkus der folgende die Show. Wir persönlich sind nicht so sehr fürs Verkleiden, aber wenn es Ihnen Freude macht, haben wir nichts dagegen. Wir erzählen es auch niemandem weiter!

Den richtigen Kinderwagen zu finden ist nicht schwer. Er sollte passend zur Größe des Hundes sein und auch einen Korb in der richtigen Größe haben. Wenn der Hund klein ist, wählen Sie aus einem großen Angebot von Puppenwagen. Wenn Amanda schon auf den Hinterbeinen gehen kann, wird sie diesen Trick wesentlich leichter bewältigen. Selbst wenn ihr die Energie fehlt, über längere Zeit aufrecht zu gehen, wird sie den Kinderwagen gut schieben können. Sie kann sich auf dem Griff abstützen und ihr Gewicht entsprechend verteilen; notfalls bringen Sie vorne im Wagen ein Gegengewicht an, damit er nicht zu ihr hinkippt.

Nehmen Sie als erstes einen Besenstiel, halten Sie ihn direkt vor Amanda hin, und kommandieren Sie PFOTEN HOCH! Halten Sie die Stange etwa in der Höhe, die auch der Griff des Kinderwagens hat. Sie sollten mit dieser Übung beginnen, auch wenn Amanda schon auf den Hinterbeinen gehen kann. Sie halten ihr die Stange hin, kommandieren VORWÄRTS und gehen dabei selbst in konstantem Tempo rückwärts. Lassen Sie nicht zu, daß sie ihr ganzes Gewicht auf den Besenstiel stützt. Heben Sie ihn so weit an, daß der größte Teil des Gewichtes auf ihren Hinterbeinen ruht. Experimentieren Sie so lange mit Höhe und Winkel der Stange, bis Sie spüren, daß Amanda beim Gehen vorwärts schiebt. Die Technik ist gar nicht soviel anders als bei einem Fisch, den man an der Angel hat und dem man Leine gibt. Sie müssen nur Ihren Hund genau kennen und spüren, wie ihm zumute ist. Sobald Amanda den Grundgedanken verstanden hat, führen Sie den Kinderwagen ein und können nun neben ihr hergehen. Machen Sie ihr mit dem Wort VORWÄRTS Mut, und loben Sie sie ausgiebig. Seien Sie immer darauf gefaßt, den Kinderwagen zu halten, falls er kippt! Sie können eine Hand unter dem Griff lassen, dann sind Sie für solche Fälle gerüstet. Wenn Hund und Wagen zu Boden gehen, wird Amanda wahrscheinlich keine Lust mehr haben, das Baby spazierenzufahren, und Sie werden große Mühe haben, sie wieder zu ermuntern.

Wenn Sie sich zu diesem Trick entschließen, dann machen Sie ihn auch ordentlich. Ein Hund ist gut, und Sie können eine Puppe in den Wagen legen. Aber zwei Hunde sind besser. Einer, entsprechend gekleidet, schiebt den Wagen, der zweite, mit einer passenden Mütze, sitzt drin und mimt das Baby. Ihr Publikum wird am Boden liegen!

DER SINGENDE HUND

Wundergeschichten von sprechenden und singenden Hunden gibt es zuhauf. Jeder hat schon von diesen beredten Bulldoggen und Dalmatiner-Diven gehört, aber nur die wenigsten haben sie je »live« erlebt. Mit dem richtigen Hund ist das Singen allerdings gar kein schwerer Trick — und immer ein bezaubernder. Nur kann es sein, daß Ihr Hund eben nicht der richtige ist. Schlittenhunde haben ein ganz besonderes Gesangstalent. Schlagen Sie einen hohen Ton an,

und sie werfen den Kopf in den Nacken, die Schnauze auf 45 Grad, und heulen mit, solange der Ton anhält. Wenn Sie eine solche »nordische Rasse« besitzen, werden Sie wissen, daß besonders Feuerwehrwagen zum Mitsingen animieren. Aber Sie brauchen nicht Ihr Haus anzustecken oder sich einen eigenen Feuerwehrwagen zuzulegen. Nicht einmal einen sibirischen Husky müssen Sie unbedingt haben. Auch wenn Ihr Hund kein Naturtalent ist, können Sie ihn immer noch zum Singen bringen.

Die einzige Schwierigkeit besteht darin, den richtigen Ton zu finden, damit Ihr Caruso loslegt. Bei den Tönen folgender Geräte haben Sie gute Chancen: ein Telefon, dessen Tasten piepen; eine Sopranblockflöte; die Tonbandaufnahme einer Sirene; die hohen Töne des Klaviers; eine Harmonika; eine Okarina. Nehmen Sie Ihren Künstler mit in das Musikgeschäft, das kann viele unnötige Geldausgaben ersparen. Probieren Sie die Instrumente durch, und beten Sie, daß es nicht der Konzertflügel ist, auf den er anspricht. Und versuchen Sie es nicht zuletzt auch mit Ihrer eigenen Stimme. Wenn Sie so singen wie wir, dann ist Ihr Hund ohnehin der einzige, der Ihnen zuhören wird. Ihr hohes C könnte genau das richtige sein. Wenn Ihr Hund sich dabei die Ohren zuhält, machen Sie sich keine Gedanken mehr um das Singen — dann haben Sie gerade einen besseren Trick erfunden.

6
TRICKS, MIT DENEN SIE EINDRUCK MACHEN

Nimm einen Bissen von Mami!
Der Hund als Kellner
Bring einen Stuhl!
Der Baseballhund
Höfliche Begrüßung

J eder möchte, daß sein Hund bei Gästen Eindruck macht — aber was Sie hier lernen, macht ihn zum echten Profi-Entertainer. Wer weiß? Vielleicht können Sie dadurch sogar das Dessert einsparen. Die Gäste sind viel zu beschäftigt, seine Kapriolen zu bewundern. Was für eine schöne Art zu sagen: »Ist mein Hund nicht großartig? Bin ich nicht großartig?«

NIMM EINEN BISSEN VON MAMI!

Dieser Trick könnte auch unter den albernen Tricks stehen — jedenfalls werden Sie und Buster damit manches Kichern ernten. Doch wie bei so vielen Kunststücken in diesem Buch steckt auch hier eine ernsthafte Absicht dahinter. Ein Hund, der nach seinem Essen schnappt, ist ein gefährlicher Hund, der leicht die Hand beißen kann, die ihn füttert. Wenn er unerzogen und gefräßig ist, beißt er womöglich sogar mit Absicht. Er schnappt vielleicht nach Dingen, die gar nicht für ihn bestimmt sind. Wenn Sie dazu neigen, mit Grissini oder Thunfischbrötchen in der Hand zu gestikulieren, könnten Sie mit einem einzigen Bissen Brötchen und Finger verlieren.

Als erstes müssen Sie Ihrem Hund beibringen, nur dann Essen zu nehmen, wenn er mit dem Wort GUT die Erlaubnis dazu bekommt. Das heißt nicht, daß Sie den Hühnerdieb in ihm damit schon ganz bezwungen haben — gerade wenn Sie den Vogel unbeaufsichtigt zum Abkühlen auf den Tisch stellen oder ihn auftauen lassen, während Sie ins Kino gehen. Aber Sie werden eine gewisse Hemmung zu stehlen aufbauen und ihn dazu bringen, seine Bissen vorsichtiger aus der Hand zu nehmen — oder dem Mund.

Fangen Sie schon beim Welpen damit an, ihm die Erlaubnis zum Fressen immer mit dem Wort GUT zu geben. Von Zeit zu Zeit halten Sie einen Bissen hoch und sagen NEIN. Wenn der Welpe danach schnappt, ziehen Sie ihn weg und sagen noch einmal NEIN. Wenn er wartet, geben Sie ihm den Bissen, sagen GUT und loben ihn. Mit ein

wenig Übung sollte Ihr Welpe oder Hund nicht einmal in die Nähe seines Futternapfes gehen, bevor Sie GUT sagen. Damit ist er bereit für den folgenden Trick.

Beginnen Sie mit einem großen Hundekuchen (oder einer Salzstange, wenn es Ihnen unangenehm ist, Hundekuchen im Mund zu haben). Nehmen Sie den Bissen zwischen die Zähne, so daß der größte Teil aus Ihrem Mund herausragt. Ihr Hund sollte in der SITZ UND BLEIB-Position sein, so daß Sie ihn unter Kontrolle haben. Knien Sie neben ihm nieder, lassen Sie ihn an dem Hundekuchen schnüffeln, und sagen Sie GUT. Wenn er den Kuchen vorsichtig nimmt, können Sie allmählich zu kleineren Bissen übergehen. Wenn er danach schnappt, müssen Sie zuerst noch den beherrschten Umgang mit dem Essen üben.

Zusätzliche Soundeffekte bekommen Sie mit einem großen Kartoffelchip. Er beißt zu — *knirsch* —, und Sie behalten die andere Hälfte. Das können Sie auch mit der Salzstange machen — beißen Sie zu, statt sie ihm ganz zu geben. Wir haben einmal einen Hund erlebt, der so von diesem Trick begeistert war, daß er einen eingestaubten Knochen unter dem Bett hervorholte und Frauchen die Hälfte davon anbot. Sie wollte ihren Liebling nicht enttäuschen und hat ihn tatsächlich genommen. Manche Leute tun einfach alles für ihren Hund.

WENN SIE AUF DEN GESCHMACK GEKOMMEN SIND

Beherrscht der kleine Engel den Trick erst einmal wirklich, dann können Sie mehr riskieren. Nehmen Sie einige gekochte Spaghetti — mit oder ohne Soße — und lassen Sie sie aus dem Mund baumeln. Sagen Sie GUT, NIMM. (Üben Sie vorher, das mit Spaghetti im Mund zu sagen.) Wenn er die Spaghetti sanft von Ihren Lippen nimmt, können Sie zu immer kürzeren übergehen. Ihre Gäste werden vor Ehrfurcht starr sein oder sich den Bauch halten. Wenn Sie bei der Fadennudel angekommen sind, melden Sie sich bei uns.

DER HUND ALS KELLNER

Das ist einer der bezauberndsten Tricks, die man sich überhaupt vorstellen kann, und ist jede Sekunde wert, die Sie hineinstecken, um ihn dem Hund beizubringen. Sie laden Freunde zum Essen ein, und vorher nimmt man einen kleinen Aperitif. Und wer kommt da plötzlich aus der Küche getrottet? Ihr Hund Garçon. Zwischen den Zähnen hat er ein Körbchen mit einem Sortiment Nüsse, und als kompetenter Kellner geht er von einem Gast zum anderen und bietet ihnen zu ihren Drinks davon an. Nach der Mahlzeit kann er Pfefferminzplätzchen bringen oder Gebäck zum Kaffee. Unglaublich? Großartig? Wir wußten, daß Sie unserer Meinung sein würden. Also die Ärmel aufgekrempelt und los!

Der richtige Korb spielt dabei eine große Rolle. Außerdem muß Ihr Hund apportieren können, deshalb sollten Sie seine Kenntnisse im Apportieren auf Kommando auffrischen (Kapitel 2). Besorgen Sie ein Henkelkörbchen, das Ihr Hund tragen kann. Es muß gerade hängen und sollte nicht an die Brust stoßen, sonst behindert es ihn zu sehr. Wenn er wohlerzogen genug ist, nehmen Sie ihn mit in den Laden. Dadurch können Sie vermeiden, daß Sie ein Dutzend Körbe kaufen, bevor Sie den richtigen haben.

Lassen Sie Garçon zunächst den leeren Korb tragen. Sagen Sie NIMM, HALT FEST, BRAVER HUND, HALT FEST. Wenn er ihn fallen läßt, lassen Sie ihn den Korb wieder aufheben. Zeigen Sie ihm die bequemste Position, und stecken Sie den Griff kurz hinter die Augenzähne. Nun kommandieren Sie BEI FUSS, und Garçon stellt sich neben Sie mit dem Körbchen im Maul. Üben Sie das immer nur ein paar Minuten am Tag, damit er sich allmählich an das Körbchentragen gewöhnt, und loben Sie ihn ausgiebig dafür. Lassen Sie nun Ihre Familie im Wohnzimmer Platz nehmen, mit oder ohne Cocktails. Schicken Sie Garçon nacheinander mit seinem Körbchen zu jedem von ihnen (wie er es im Kapitel 3 unter »Jemanden aufspüren« gelernt hat). Jeder tut so, als nehme er etwas aus dem Körbchen, und lobt ihn begeistert. Die viele Aufmerksamkeit, die er bekommt, wird Garçon davon überzeugen, daß sein neuer Job die Mühe wert ist.

Nun können Sie den Korb zur Hälfte mit Keksen oder Erdnüssen füllen. Wenn Ihnen das lieber ist oder wenn Sie pingelige

Lassen Sie durchblicken, daß Ihr Hund auch Trinkgelder nimmt!

Freunde haben, decken Sie die Sachen mit einer Serviette ab. Oder Sie nehmen von vornherein ein Picknickkörbchen mit Deckel. Schließlich kann es schon einmal vorkommen, daß Ihr Hund ein wenig sabbert, gerade wenn ihm die Düfte in die Nase steigen. Wieder fordern Sie ihn auf: GEH ZU LUDWIG, GEH ZU INGE, GEH ZU SONJA, GEH ZU PETER und lassen ihn jeweils warten, bis jeder sich etwas aus dem Korb genommen hat. Als letztes lassen Sie ihn zu Ihnen kommen und belohnen ihn mit Extralob und einem Bissen. Allerdings sollte es nichts aus dem Korb sein, sondern etwas von seinem eigenen Speisezettel — sonst kann es passieren, daß er bei der nächsten Cocktailparty in eine Ecke trottet und ein ganzes Körbchen Erdnüsse plündert. Garçon wäre nun bereit für sein Debüt. Wenn nur Ihr Schwager zu Besuch kommt, dann alles Gute. Aber wenn es eine wirklich große Party wird, wären wir gern dabei — wir stehen im Telefonbuch!

Nun wo Ihr Hund servieren kann, können Sie durchblicken lassen, daß er auch Trinkgelder nimmt:

DER MÜNZENSAMMLER — EIN AUFFRISCHUNGSKURS FÜR GELDGIERIGE HERRCHEN

Wenn Sie noch einmal in Kapitel 2 unter »Thema und Variationen« nachlesen, werden Sie sehen, daß Ihr Hund dort schon das

Apportieren von Münzen üben sollte. Wahrscheinlich haben Sie gedacht, es ist ein Witz, und sind zum nächsten Abschnitt weitergegangen. Aber es ist eine spannende Sache, zu sehen, wie ein Hund Münzen apportiert, und wahrscheinlich können Sie das zusätzliche Kleingeld gebrauchen. Nehmen Sie zunächst eine große Münze. Wenn Garçon sie nicht nehmen will, versuchen Sie es mit einem hölzernen Dame-Spielstein und arbeiten sich zu einem Plastikchip fürs Flohhüpfen vor. Wenn er das Apportieren auf Kommando gelernt hat, kann er auch Münzen apportieren und wird es ohne weiteres tun. Je kleiner das Stück, desto mehr kommt es darauf an, daß *Sie* es ihm rechtzeitig wieder abnehmen. Wenn er erst einmal Zeit hat, damit zu spielen, kommt er vielleicht auch auf die Idee, es zu schlucken. Wenn es geschieht, ist das kein Grund zur Panik — aber rufen Sie vorsichtshalber den Tierarzt an. Und wenn er die Münze nicht verschluckt, dann schluckt sie das Sparschwein.

BRING EINEN STUHL!

Das ist der Trick, bei dem sich die echten Hunde von den Schwächlingen scheiden. Sie brauchen dazu einen Stuhl und einen sehr großen Hund. Goliath sollte gut im Apportieren sein — und er muß seinen Namen wirklich verdienen! Der beste Hund für diese Aufgabe ist einer, der schon von sich aus gern große Dinge durch den Garten schleppt. Wenn Ihr Goliath sich schon einmal mit einem dicken Ast quer im Maul in der Tür verkeilt oder einen alten Autoreifen als Beißring nimmt, dann haben Sie den richtigen Kandidaten für dieses Kunststück. Große Hunde schleppen gern Autoreifen durch die Gegend. Es sind gute, billige Spielzeuge, und Goliath wird sie nicht schon am zweiten Tag durchgenagt haben. Schließlich haben sie Ihnen ja vorher schon 47 000 Kilometer treu gedient. Wenn Sie einen solchen Hund haben, sollten Sie den Stuhltrick ernsthaft erwägen. Wenn Sie eher zum schlanken Saluki neigen, dann lassen Sie sich von ihm Ihr elfenbeinernes Zigarettenetui bringen. Wunder beschreiben wir hier keine.

Zuerst müssen *Sie* den richtigen Stuhl und daran den Balancepunkt finden, den Sie mit Klebeband markieren. Der Balancepunkt ist der Punkt, an dem man den Stuhl mit einer Hand hochheben und tragen kann, ohne daß er vorkippt oder am Boden schleift. Und Sie müssen diesen Punkt aus dem Blickwinkel Ihres Hundes finden. Fangen Sie mit einem alten Aluminium-Gartenstuhl an. Nehmen Sie keinen neuen — er hat allerhand durchzumachen. Das Aluminium ist leicht, und Goliath kann daran lernen, mit dem sperrigen Stuhl umzugehen. Wenn Goliath die Art von Hund ist, die wir oben beschrieben haben, dann werden Sie ihm bald auch schwerere Stühle geben können.

Zeigen Sie Goliath den Balancepunkt, den Sie markiert haben, und sagen Sie NIMM. Stecken Sie ihm die markierte Stelle ins Maul, und loben Sie ihn. Lassen Sie ihn nun ein paar Schritte mit dem Stuhl im Maul gehen. Bleiben Sie immer in seiner Nähe, damit Sie verhindern können, daß er sich den Stuhl auf die Pfoten fallen läßt. Üben Sie jeden Tag ein wenig, und erhöhen Sie allmählich die Entfernung, die Goliath seinen Stuhl trägt. Für Übungszwecke ist das in Ordnung, aber weitaus mehr Eindruck machen Sie mit einem hölzernen Stuhl. Suchen Sie ein leichtes Exemplar, vielleicht einen Kinderstuhl, und markieren Sie wieder den Balancepunkt. Sie können Goliath genauso für immer größere Stühle trainieren, wie ein Gewichtheber nach und nach immer weiter die Gewichte erhöht. Bleiben Sie immer in der Nähe, damit Sie notfalls den Stuhl halten und verhindern können, daß er sich wehtut. Wenn er mit Erfolg ein normal großes Exemplar bewältigen kann, lassen Sie ihn nun ein paar Schritte für sich allein gehen. Sie und Goliath haben hart zu arbeiten, aber das Ergebnis ist es wert.

Nun wäre Goliath bereit für den großen Tag. Das nächste Mal, daß Sie Besuch haben, sehen Sie Goliath an und sagen: GOLIATH, BRING EINEN STUHL! Er wird hinaustrotten und mit seinem markierten Stuhl zurückkehren. Nehmen Sie ihn rasch, und stellen Sie ihn auf, damit Ihr Gast sich noch setzen kann, bevor ihm die Sinne schwinden!

DER BASEBALLHUND

Beginnen Sie mit dem Hund in der Position SITZ UND BLEIB. Nehmen Sie einen kleinen Hundekuchen, lassen Sie ihn daran schnüffeln, und treten Sie dann damit ein paar Schritt zurück. Sein Blick wird auf die Hand mit dem Kuchen fixiert sein. So weit, so gut. Mit dem Wort FANG werfen Sie ihm den Kuchen zu — zielen Sie etwa auf seine Nase. Das ist die beste Stelle für ihn zum Fangen, und für Sie ist es ein guter Zielpunkt. Machen Sie es ihm nicht unnötig schwer

— Sie *wollen*, daß er ihn fängt. Wenn er den Kuchen von seiner Nase abprallen läßt, machen Sie sich keine Sorgen — als erste Reaktion ist das ganz normal. Er wird vielleicht sogar ein paar Tage brauchen, bis er ihn zum ersten Mal fängt. Lassen Sie ihn aufstehen und seinen Bissen haben, auch wenn er ihn nicht gefangen hat. Härter werden Sie erst, wenn er etwa jedes zweite Mal erfolgreich fängt.

Wenn es sich allmählich lohnt, mit seiner Erfolgsquote zu prahlen, dann bekommt er seinen Kuchen nur noch, *wenn er ihn fängt*. Wenn er ihn verpaßt und aufspringen will, sagen Sie NEIN, SITZ und werfen einen zweiten mit dem Wort FANG. Ein paar Minuten am Tag sind genug für diesen Trick, sonst wird der Hund zu fett. Hundekuchen sind gut, aber kalorienreich. An den Tagen, an denen Sie an diesem Trick arbeiten, kürzen Sie seine Hauptration.

Später tauschen Sie die Hundekuchen gegen einen Tennisball. (Bei einem Zwerghund reicht ein Ping-Pong-Ball.)Ihr Hund wird nicht allzu unglücklich sein, daß es nichts Eßbares ist. Wenn Sie ein bequemer Mensch sind, lassen Sie sich den Ball zurückbringen. Sagen Sie GIB, nehmen Sie den Ball und schicken Sie ihn zum nächsten Wurf zurück. Das brauchen Sie nicht groß zu üben; tun Sie so, als ob Sie werfen, und er wird schon unterwegs sein. Sagen Sie SITZ und dann FANG. Schon wieder ein Bombenerfolg.

HÖFLICHE BEGRÜSSUNG

Wenn Sie nach Hause kommen, sollte Ihr Hund Sie höflich begrüßen.

Ihr Hund muß lernen, nur aus dem Haus zu gehen, wenn Sie das Kommando GUT geben. Bringen Sie ihm das als erstes bei. Lassen Sie die Tür öffnen, und wenn er losrennen will, halten Sie ihn fest und sagen NEIN. Wiederholen Sie das. Sagen Sie nun GUT, und gehen Sie mit ihm hinaus. Sobald er über die Schwelle ist, loben Sie ihn. Wenn er zu clever ist, draufloszustürmen, und zu würdevoll, sich hinauszuschleichen, dann lassen Sie nach ihm pfeifen. (Nicht den Namen rufen, denn dann *soll* der Hund ja kommen.) Wenn er gehen will, halten Sie ihn wiederum fest und sagen NEIN. Dann treten Sie wieder mit ihm über die Schwelle, sagen GUT und loben ihn dafür, daß er hinausgegangen ist. Das reicht für die erste Lektion. Wo Sie nun schon einmal beide draußen sind, können Sie gleich ein wenig mit ihm spazierengehen.

Diese Übung braucht nicht viel Aufwand. Daß Sie auch noch einen Trick daraus machen können, ist ein Extrabonus.

Lassen Sie einmal die Leine schleifen! Er wird glauben, Sie gäben nicht Acht, und sich aufmachen wollen. Treten Sie auf die Leine, und er überlegt es sich schlagartig anders. Wenn er die Sache begriffen hat, versuchen Sie es ohne Leine. Sie haben die Hand am Türgriff, und wenn er sich immer noch Freiheiten nehmen will, ziehen Sie einfach zu. Wenn er dabei einen Stups vor die Nase bekommt, umso besser — nun wird er sich merken, daß Ihr Arm überallhin reicht.

7
NÜTZLICHE TRICKS

Bring deinen Napf!
Geh ans Telefon!
Ein hündisches Bedürfnis
Um Einlaß klingeln
Aufräumen
Am Bordstein warten
Türen öffnen und schließen
Den Fernseher ein- und ausschalten

Sie tun doch so manches für Ihren Hund, nicht wahr? Sie tun es aus Liebe — weil Sie ihm helfen wollen, weil Sie ihn beschützen wollen. Können Sie da auch nur einen Grund nennen, warum er nicht das gleiche für Sie tun sollte? Wir auch nicht. Er kann Ihnen Zeit und Mühe sparen. Er kann ein wenig von der Hektik Ihres geschäftigen Lebens vertreiben. Er kann Sie zum Lachen bringen und Ihnen Freude machen — mehr noch, als er das ohnehin schon tut. Wie, das erfahren Sie auf den folgenden Seiten.

BRING DEINEN NAPF!

Dieser putzige Trick spart gleichzeitig vielbeschäftigten Hunde-besitzern viel Zeit. Wenn es auch nur eine halbe Minute pro Tag einspart, sind das über drei Stunden im Jahr! Überlegen Sie doch nur, wie gut Sie gerade jetzt drei zusätzliche Stunden brauchen könnten!

Wenn Ihr Liebling ein Bernhardiner ist, der einen zehn Pfund schweren Keramiktopf zum Freßnapf hat, dann sollten Sie ihm für diese Übung als erstes etwas Leichteres besorgen. Gut geeignet sind die Plastikschalen, in denen man Sachen aus dem Schnellrestaurant bekommt, oder eine Salatschüssel mit einem Griff an beiden Seiten. Es kann kein normaler Hunde-Futternapf sein, denn diese haben Gewicht, damit sie gut stehenbleiben. Suchen Sie, bis Sie das Richtige gefunden haben — der Trick kann nur funktionieren, wenn der Hund den Napf auch tragen kann.

Sie nehmen den Napf, und was machen Sie damit? Sie werfen ihn fort. Dann sagen Sie zu Ihrer mustergültigen Apportierhündin: NIMM! Wenn sie den Napf bringt, loben Sie sie und werfen einen Hundekuchen hinein; sagen Sie GUT, damit Fanny auch weiß, daß sie ihre Belohnung verspeisen darf. Das wiederholen Sie ein paarmal. Fanny muß kein Einstein sein, daß sie das begreift. Sagen Sie NIMM und BRING DEINEN NAPF. Sie ist doch hochbegabt, nicht wahr? Dann bringen Sie ihr zugleich ein neues Wort bei. Als nächstes fordern Sie sie auf, den Napf zu bringen, auch ohne daß Sie ihn zuvor geworfen haben. Zeigen Sie ihr die Hundekuchen. Rappeln Sie mit

Nun bringt Fanny den Napf gleich mit, wenn es Zeit ist.

der Schachtel, wenn es sein muß. Wenn sie ihren Leckerbissen will, wird sie auch den Napf holen — darauf können Sie Gift nehmen. Werfen Sie den Hundekuchen hinein, und loben Sie sie.

Nun bringt Fanny den Napf gleich mit, wenn es Zeit ist. Wir möchten wetten, daß Sie diesen Trick nicht allzuoft üben müssen. Wahrscheinlich wird es genügen, wenn sie nur das Rappeln der Schachtel hört. Was machen Sie denn nun mit den drei gewonnenen Stunden? Im Kino an der Ecke soll ein guter Film laufen.

GEH ANS TELEFON!

Das ist leider nicht ganz so praktisch, wie es klingt. Aber es ist ein bezaubernder Trick, und er kann Eindruck machen, wenn man ihn gut beherrscht. Das Telefon klingelt, und Gunther stürmt hinüber zum Schreibtisch, springt auf den Stuhl, stützt sich mit den Vorderbeinen auf dem Tisch ab und nimmt dann mit dem Maul den Hörer ab. Er legt den Hörer auf die Tischplatte und begrüßt den Anrufer mit einem gebellten »Hallo«. Eindrucksvoll? Stimmt, dabei ist es nur angewandtes Apportieren.

Stellen Sie für die erste Lektion das Telefon auf den Boden. Nehmen Sie den Hörer von der Gabel und sagen Sie zu Gunther: NIMM. Wiederholen Sie das ein- oder zweimal. Jetzt legen Sie den Hörer wieder auf und sagen wiederum zu Gunther: NIMM. Von da an besteht das ganze Geheimnis darin, das Telefon in kleinen Schritten wieder an seinen üblichen Platz zurückzurücken — zuerst auf den

Ist für dich.

Schreibtischstuhl, dann auf die Vorderkante des Tisches und dann wieder auf die Rückseite. Gunther hat gelernt, auf das Kommando NIMM den Hörer abzunehmen. Nun wird es Zeit, ihm noch ein paar Worte dazu beizubringen, damit der Trick eindrucksvoller wirkt. Sagen Sie zu Gunther: NIMM, GEH DU RAN. Mit ein wenig Praxis brauchen Sie dann nur noch GEH DU RAN zu sagen. Wenn er zögert, überspielen Sie das: GEH RUHIG RAN, GUNTHER, DAS IST BESTIMMT FÜR DICH!

Wollen Sie, daß Gunther jeden Anruf entgegennimmt? Wahrscheinlich nicht. Was geschieht, wenn er allein im Haus ist und das Telefon klingelt? So gründlich dieses Buch auch ist, bringt es ihm doch nicht bei, wie er Notizen macht. Wahrscheinlich würde Gunther auch die meisten Namen falsch schreiben — Sie wissen ja, wie Hunde sind! Üben Sie folgende Routine ein: Wenn das Telefon klingelt, sagen Sie GEH DU RAN. Wenn er den Hörer abnimmt, sagen Sie GIB. Er wird den Hörer auf den Tisch fallen lassen, und dann kommandieren Sie: SPRICH! Wenn er das alles erst einmal beherrscht, werden Sie plötzlich viel mehr Anrufe bekommen. Jeder will mit Gunther telefonieren.

EIN HÜNDISCHES BEDÜRFNIS

Es gibt niemanden, aber auch niemanden, der sich nicht wünscht, daß sein Hund bellt, wenn ihn ein hündisches Bedürfnis plagt. Kann man ihm das beibringen? Warum nicht? Aber bevor wir die nötigen Schritte erläutern, möchten wir folgendes zu bedenken geben. Wenn

Ihr Hund nur zu bellen braucht, damit er aus dem Haus kann, warum sollte er das dann nicht um drei Uhr morgens tun? Warum sollte er nicht bellen und hinauswollen, obwohl Sie gar nicht da sind? Was geschieht, wenn er bellt, und Sie sind gerade nicht abkömmlich — sitzen in der Badewanne, telefonieren, schlafen, haben schlicht und einfach keine Zeit? Da ist es schon vernünftiger, den Hund zu einem festen Zeitplan zu erziehen — rücksichtsvoll ihm gegenüber und praktisch für Sie. Wenn er das erst einmal gelernt hat, dann ist es auch sinnvoll, ihm das Bellen an der Tür beizubringen — wenn er einmal nicht mehr warten kann oder wenn es ein Notfall ist. Dann können Sie damit auch Eindruck machen. Sie fragen: NA, HEKTOR, WIE WÄR'S MIT EINEM KLEINEN SPAZIERGANG?, und er kann klar und deutlich seine Antwort bellen.

Hat Hektor schon gelernt, auf Kommando zu bellen? (Sie finden die Anleitung in Kapitel 11 unter »Sprechen, Zählen, Rechnen«.) Schön. Darauf bauen Sie nun auf. Üben Sie mit ihm, so daß er spricht, wenn er einen Hundekuchen haben will, oder einfach auf Kommando spricht. Nun fragen Sie: NA, HEKTOR, WIE WÄR'S MIT EINEM KLEINEN SPAZIERGANG? *SPRICH*, WENN DU GEHEN WILLST. Sobald er bellt, haken Sie die Leine ein, und er bekommt seinen Spaziergang. Wenn er sich sträubt, halten Sie die Leine hoch und sagen noch einmal: SPRICH, WENN DU GEHEN WILLST. Wenn er nichts sagt, gibt es auch nichts. Wenn er antwortet, sind Sie dran. Von nun an fragen Sie ihn bei jedem Spaziergang (dem routinemäßigen wie dem spontanen), ob er gehen will. Der magische

Er bellt, wenn es dringend wird.

Das hat Stil!

Klang seiner eigenen Stimme öffnet ihm die Tür und bringt Sie in Bewegung. Er wird bald hinter die Verbindung kommen. Das ist ein Trick, den man nicht forcieren darf; arbeiten Sie daran, wenn ohnehin ein Spaziergang auf dem Plan steht, und rechnen Sie damit, daß es ein paar Wochen dauert — aber dann wird er es sich auch sein Leben lang merken. Wir wollen keine Vorwürfe hören, wenn er alle zehn Minuten bellt und hinaus will. Wir haben Sie gewarnt.

UM EINLASS KLINGELN

Wissen Sie noch, wie Ihr Hund beten gelernt hat und wir gesagt haben, manche der Kommandos würden später wiederkommen? Hier ist eines davon — das PFOTEN HOCH, das dort Ihren frommen Hund in die richtige Andacht versetzte. Mit einer Variante dieses Kommandos lernt er nun, Ihnen zu sagen, wann er von draußen wieder hereinmöchte. Dazu jedoch zuvor ein Wort von Ihrer Mutter: Wenn Sie nicht gerade einen rekordverdächtig braven Hund haben, sollte er niemals alleine draußen sein. Selbst wenn Sie ihm beige-bracht haben, Ihr Grundstück nicht zu verlassen, könnte er sich das leicht anders überlegen. Er liest im *Hundeblatt*, daß die Hündin zwei Häuser weiter gerade läufig ist. Die Versuchung dürfte größer sein als die Wirkung jeder Vorsichtsregel, die Sie ihm je eingeschärft haben. Oder er sieht einen anderen Hund vorbeikommen und will sich balgen. Hunde stromern einfach gern durch die Gegend. Sie wollen etwas von der Welt sehen. Früher oder später würde er Ihnen schon eine Ansichtskarte schicken, aber wir wissen ja, daß Sie vor allem um seine Sicherheit besorgt sind. Sie wollen keine Ansichtskarte — Sie wollen Ihren Hund. Dieser Trick taugt also nur als kleine Bravournummer, wenn Sie mit Schneeflöckchen vom Spaziergang zurückkommen — es sei denn, Sie haben Ihr Grundstück ganz eingezäunt: dann ist der Klingeltrick wirklich nützlich.

Wenn Sie ein solches Grundstück haben und der Hund nicht herauskann, dann können Sie sich damit manch verzweifelte Suche in stockfinsterer Regennacht ersparen. Am Sonntagmorgen patschen Sie im Halbschlaf zur Tür und lassen Schneeflöckchen den Spaziergang allein machen. Statt daß sie die Farbe von der Tür abkratzt oder mit ihrem Geheul die Nachbarn zur Weißglut bringt, wird sie nun einfach klingeln, wenn sie bereit für Toast und Sonntagszeitung ist. Nun wo alle Sicherheitsbedenken ausgeräumt sind, bringen wir Ihnen gerne bei, wie es funktioniert.

Machen Sie zuerst mit Schneeflöckchen ihren Spaziergang, damit sie nicht eigentlich etwas anderes will, während Sie ihr diesen großartigen Trick beibringen wollen. Sie brauchen dazu einen Spießgesellen — Kinder, Ehemann, Ehefrau, Freund —, der mit Hundekuchen hinter der Tür bereitstehen sollte. Gehen Sie an die Tür, pochen Sie auf den Klingelknopf und sagen Sie PFOTEN HOCH. Ein energischer Ton hilft nach. Bringen Sie die Hündin dazu, daß sie möglichst wirklich mit der Pfote auf den Knopf drückt, doch anfangs bekommt sie auch einfach nur dafür Lob, daß sie sich hinstellt, wo Sie es ihr zeigen. Sagen Sie PFOTEN HOCH, DRÜCK DIE

KLINGEL. Ihr Kumpan muß gut aufpassen — er sollte die Tür nur öffnen, wenn Schneeflöckchen klingelt, nicht wenn Sie es ihr zeigen. PFOTEN HOCH, BRAVES MÄDCHEN, und dann klingeln Sie. Wenn Schneeflöckchen klingelt — selbst wenn es nur Zufall ist —, sollte sofort die Tür aufgehen, und sie sollte mit Lob und Geschenken überhäuft werden. Lassen Sie es vorerst bei diesem einen Mal bewenden.

Immer wenn Sie nach dem Spaziergang in der Stimmung sind, noch ein paar Minuten draußen zu bleiben, üben Sie diesen Trick. Wenn Schneeflöckchen klingelt, öffnet sich die Tür, und sie wird mit großem Hallo begrüßt. Wenn sie frisch gelernt hat, daß sie zum Hinausgehen bellen soll, wird sie dieses Gegenstück umso schneller begreifen. Wenn sie zielsicherer wird, lassen Sie das PFOTEN HOCH weg und sagen nur noch DRÜCK DIE KLINGEL. Wenn Sie keinen Verschwörer hinter der Tür haben, sollten Sie den Schlüssel parat haben und sie unverzüglich öffnen. Loben Sie Schneeflöckchen sofort. Wenn sie die Sache erst einmal richtig verstanden hat, können Sie ihr einen Posten als Staubsaugervertreterin beschaffen. Und wenn Ihr Garten eingezäunt ist, können Sie sie hinauslassen und warten, bis sie um Einlaß klingelt.

Und wenn Schneeflöckchen zu klein ist, um an den Klingelknopf zu reichen? Schließlich kann man ja nicht für alles den passenden Hund haben. Bevor Sie sich einen größeren Hund zulegen, versuchen Sie es mit einer Kiste, die Sie unter den Knopf stellen. Klopfen Sie auf die Kiste, sagen Sie SPRING, und verfahren Sie dann wie oben

beschrieben. Die Kiste muß fest stehen, sonst wird sie nicht hinauf-
springen wollen.

Ein eingezäuntes Grundstück vorausgesetzt, kann nichts schiefgehen. Ihre Freunde werden Augen machen, wenn Ihr Hund bellt,
um hinauszukommen, und anschließend um Einlaß klingelt. Das
sollte die Mühe, es ihm beizubringen, wert sein.

AUFRÄUMEN

Ist es denn nun Ausbeutung, wenn Sie die eine oder andere Haus-
haltsarbeit von Ihrem Hund verlangen? Behalten Sie immer im Kopf,
daß die meisten Hunde als Arbeitshunde gezüchtet wurden, und
heute gehören sie fast durchweg zum großen Heer der Arbeitslosen.
Die meisten Hunde langweilen sich zu Tode und bekommen nie
Gelegenheit zu zeigen, daß sie Köpfchen haben. Geben Sie um
Himmels willen Ihrem Hund etwas zu tun — ganz gleich ob Hüte-,
Jagd- oder Gebrauchshund, und für Schoßhunde gilt das auch.

Immer heißt es, je älter man wird, desto weiser wird man. Wo
hört man schon einmal, daß wir gleichzeitig auch langsamer, träger,
schwerfälliger, kurzatmiger, müder werden? Es wird Zeit, sich dazu
zu bekennen! Und wenn es Ihnen nicht anders ergeht als uns, dann
werden Sie sich gern von uns erklären lassen, wie Sie Ihren Hund
Nelson dazu bringen, daß er Ihnen beim Aufräumen hilft. Was
meinen Sie, wie lieb er Ihnen spät am Abend wird, wenn Sie erschöpft
im Fernsehsessel hängen! (Wir sprechen hier von der Zeit, bevor Sie

Ihre Joggingübungen aufnehmen und endlich mit der großartigen Diät beginnen, die wirklich fit macht.) Wenn Sie zuviel Arbeit am Hals oder zuviel Speck auf den Rippen haben, dann ist das der richtige Trick für Sie! Wenn Sie sich in diesem Porträt ganz und gar nicht wiedererkennen können und wenn Sie die Ausnahme sind, die die Regel bestätigt, dann bringen wir Ihnen auch gern bei, wie Sie Nelsons Sachen aufräumen — wir sind da flexibel.

Sie wissen es natürlich längst, und wir wollen Ihnen ja auch nicht zur Last fallen — aber für diesen Trick muß Ihr Hund apportieren können. Das gilt für jeden Trick, bei dem er etwas im Fang tragen soll. Wenn er seine Ausbildung absolviert und vielleicht einen der anderen Apportiertricks gelernt hat, dann sollte dieser hier überhaupt keine Mühe mehr sein. Na, jedenfalls kaum Mühe.

Beginnen Sie mit etwas, was Nelson kennt — etwas, was er schon einmal für Sie apportiert hat. Lassen Sie Ihr Brillenetui fallen und sagen Sie: NELSON, NIMM. Wenn er es nimmt, experimentieren Sie danach mit anderen Gegenständen. Konzentrieren Sie sich auf Dinge, die tatsächlich zu Boden fallen — warum sollen Sie sich nach einer unter den Tisch gefallenen Gabel bücken, wenn Nelson sie Ihnen auch bringen kann?

Und was, wenn er einfach nur dasitzt und Sie anblickt, als seien Sie nicht recht bei Trost? Dann versuchen Sie es noch einmal, und zwar mit mehr Nachdruck. Werfen Sie das Etui und sagen Sie: NIMM, BRAVER JUNGE; JA, NIMM, GUTER HUND. Wenn er gut darauf reagiert, führen Sie bei jeder Sitzung ein, zwei neue

Gegenstände ein. Wenn Sie es als Spiel aufmachen, wird er viel mehr Interesse zeigen. Mit jedem Wurf lassen Sie das Objekt ein wenig näher bei Ihnen landen, bis es direkt neben Ihre Füße fällt. Als nächstes versuchen Sie es im Sitzen. Nelson sollte nun Brillen, Schlüssel, Besteck, Bleistifte und dergleichen aufheben und Ihnen bringen. Er sollte jedes Stück, das er apportiert, behutsam tragen, und es sich ohne Widerstand aus dem Maul nehmen lassen, wenn Sie GIB sagen. Vergessen Sie nicht, ihn herzlich zu loben. Schließlich hat er Ihnen einen großen Gefallen getan.

Dieser kleine Trick kann sehr nützlich sein. Er ist nicht gerade etwas, womit Sie auf die Bühne kommen, aber achten Sie einmal auf die Mienen Ihrer Freunde, wenn jemandem etwas herunterfällt und Sie es von Ihrem Hund zurückbringen lassen, als sei es das Selbstverständlichste der Welt. Sie selbst werden stolz und zufrieden sein, und die anderen sitzen mit offenen Mündern da. Natürlich geht es um mehr als nur darum, Ihre Freunde zu beeindrucken. Wenn Ihnen Ihr Manschettenknopf oder Ohrring vom Frisiertisch fällt, wird Ihr braver Hund Ihnen mühsame Verrenkungen ersparen. Am Ende wird Ihnen dieser tägliche Einsatz Nelsons sogar wichtiger sein als die staunenden Gesichter der Besucher. Wenn Ihr Apportierkünstler ein Bernhardiner ist, werden Sie vielleicht sogar überlegen, ob Sie sich nicht noch einen zusätzlichen Cairnterrier oder Malteser zulegen sollten, für die Sachen, die unter den Schrank rollen.

AM BORDSTEIN WARTEN

Wenn Rosie am Bordstein wartet, bis Sie ihr das Zeichen zum Weitergehen geben, kann das eine nützliche Sache sein. Gerade wenn Sie sie an der Leine haben und womöglich noch mit Einkäufen beladen sind, wollen Sie ja nicht, daß sie bei Rot über die Straße läuft. Ihrem Hund kann dieser Trick das Leben retten. Aber ist es überhaupt ein Trick? Für den Uneingeweihten sieht es gewiß wie einer aus. Aber die Grenzen zwischen Dressur und gutem Gehorsam sind fließend, und unsere Tricks haben ja durchweg ihren verborgenen pädagogischen Wert. Und es ist es für einen Hundebesitzer nicht der größte »Trick« von allen, seinen Vierbeiner gehorsam, gesund und sicher zu halten? Auf geht's!

Wenn Sie mit Ihrem Hund spazierengehen, sollte er natürlich immer bei Fuß sein. Rosie trottet also gemächlich in Ihrem Tempo neben Ihnen her, auf Ihrer linken Seite, und Sie kommen an einen Bordstein. Wenn sie gut erzogen ist, bleibt sie automatisch stehen und setzt sich, wenn *Sie* am Bordstein stehenbleiben. Üben Sie mindestens eine Woche lang, an jeder Stufe *abwärts* stehenzubleiben. (Blindenhunde werden dazu erzogen, auch innezuhalten, wenn eine Stufe *aufwärts* kommt, damit die Blinden nicht stolpern. Hier geht es aber nur darum zu verhindern, daß Rosie ohne achtzugeben auf die Straße läuft: sie braucht also nicht anzuhalten, wenn sie die Straße verläßt — nur wenn sie sie betritt.) Wenn Sie Rosie daran gewöhnt haben, am Bordstein zu warten, gehen Sie das nächste Mal weiter, ohne anzuhalten. Sie wird zweifellos mittrotten, dummer Hund, der sie ist. Nun müssen Sie sofort reagieren. Sagen Sie NEIN! SCHÄM DICH! Führen Sie sie zurück an den Bordstein und kommandieren Sie SITZ. Pochen Sie dazu mit dem Fuß auf den Bordstein. Loben Sie sie, lassen Sie sie wieder bei Fuß gehen, und überqueren Sie mit ihr die Straße. Üben Sie das, bis Rosie gelernt hat, jedesmal stehenzubleiben und sich zuerst zu setzen, bevor sie auf die Straße tritt. Das ist ein großartiger Trick für alle, die in der Stadt wohnen — gerade wenn Sie Ihren Hund ohne Leine ausführen möchten. Wohnen Sie in der Vorstadt, so können Sie Rosie beibringen, zur Sicherheit am Ende der Auffahrt innezuhalten.

Üben Sie, wenn Sie mit ihr draußen sind — dafür brauchen Sie nicht mehr Zeit als sonst für den Spaziergang. Und auch als erfahrene Stadthündin sollte sie sich zuerst am Bordstein setzen, bevor sie auf die Straße geht und tut, was sie nicht lassen kann. Dann können *Sie* sich vergewissern, daß kein Bus oder Auto just in diesem Augenblick heranfährt.

TÜREN ÖFFNEN UND SCHLIESSEN

Wenn Ihr Hund die Bad- oder Schlafzimmertür aufstößt, haben Sie sich da nicht schon oft gewünscht, er wäre so höflich und würde sie auch wieder schließen? Allerdings brauchen Sie ein paar Dinge, damit Sie diesen Trick wirklich gut einüben können. Zunächst brauchen Sie einen Hund, der groß genug ist, um an die Türklinken zu reichen, und zum zweiten brauchen Sie Türklinken und keine Knöpfe — hat Ihre Wohnung Türknäufe, so brauchen Sie als drittes noch eine Menge Geduld. Mit dem Kommando PFOTEN HOCH können Sie Houdini beibringen, die Pfoten auf eine Klinke zu legen, und mit einem Schritt rückwärts öffnet er die Tür. Wenn es die Haus- oder Wohnungstür ist und er gern hinaus will, hat er auch den richtigen Anreiz. Arbeiten Sie ein paar Minuten lang an diesem Trick, und dann bekommt er zur Belohnung einen langen Spaziergang. In seinem Eifer hinauszukommen wird er praktisch alles tun. In diesem Falle üben Sie nicht, sondern wenden das Kommando einfach nur an. PFOTEN HOCH, ÖFFNE DIE TÜR, GUUUUTER HUND. Houdini ist ja nicht blöd; er wird schon verstehen, was Sie wollen. Er wird es vielleicht sogar besser verstehen, als Ihnen lieb ist, und bis er gelernt hat, daß er nur auf Kommando an die Klinke darf, halten Sie Ihre Türen besser verschlossen.

Schwieriger wird es, wenn Sie in einem Haus mit Türknäufen wohnen und auch keinen davon durch eine Klinke ersetzen wollen. Aber wenn wir Sie richtig einschätzen, werden Sie so schnell nicht aufgeben! Wickeln Sie ein Stück Schaumgummi um den Knauf und fixieren Sie es. Einen unbedeckten Knauf würde der Hund mit seinen Zähnen verkratzen, und er wird ihn leichter fassen können, wenn er nicht mehr so glatt ist. Als nächstes drücken Sie die Falle hinein und fixieren sie mit einem Stück Klebstreifen, damit er die Tür leichter aufziehen kann. Zunächst faßt Houdini den Griff nur und zieht. Später kann man ihm dann auch noch beibringen, ihn zu drehen. Um eine Tür mit Knauf zu öffnen, muß Houdini apportieren können. Sagen Sie NIMM, ÖFFNE DIE TÜR. Sie müssen ihm die Sache schmackhaft machen. Erzählen Sie ihm, wie aufregend es ist. In seiner Begeisterung wird er an dem Knauf ziehen. Wenn Sie zuvor die Falle des Türschlosses fixiert haben, ist die Sache ganz einfach, und Sie können ihn loben und dann mit ihm spazierengehen. Wenn er erst einmal begriffen hat, was er tun soll, und merkt, daß er damit schneller hinauskommt, wird er gern beim Türöffnen helfen, und Sie brauchen das Schloß nun nicht mehr zu präparieren; auf das Kommando ÖFFNE DIE TÜR wird er so lange ziehen und drehen, bis die Tür offen ist, und dann bekommt er zur Belohnung einen schönen langen Spaziergang.

SCHLIESSE DIE TÜR ist ebenso nützlich. Sie lehren es ebenfalls als Variante zu PFOTEN HOCH. Gehen Sie mit Houdini zu einer halb geöffneten Tür und sagen Sie PFOTEN HOCH, SCHLIESSE DIE TÜR. Vergessen Sie nicht, Houdini ausgiebig zu loben, wenn er die Tür für Sie schließt. Wie Sie sehen, entstehen neue Tricks oft einfach durch die Abwandlung eines Kommandos. Wenn Sie Kommandos variieren, werden Sie auf Dutzende von Tricks kommen, die Sie ihm in Rekordzeit beibringen können.

Nun üben Sie mit ihm an den anderen Türen. Je besser er sich auskennt, desto mehr Nutzen werden Sie aus Ihrer gemeinsamen Arbeit ziehen. Das nächste Mal, wenn Sie in der Badewanne einen Luftzug spüren, rufen Sie Houdini, er schließt für Sie die Badezimmertür.

DEN FERNSEHER EIN- UND AUSSCHALTEN

Sie sind nicht zu Hause, und Ihr Hund Marconi sieht derweil fern —
Einbrecher werden davon ausgehen, daß Sie dabeisitzen, und Ihr
Haus verschonen. Allerdings kann eine Schaltuhr das wahrscheinlich
besser als Ihr Hund. Uns schwebt eher vor, daß Sie nach einem
anstrengenden Tag in einen Sessel fallen und Marconi die Arbeit mit
dem Fernseher überlassen.

Es sollte ein Gerät mit einem einfachen Schalter sein. Oder
besorgen Sie einen Fußschalter. Den Hund dazu zu bringen, daß er
auf einen solchen tritt, wenn Sie »Fernseher« sagen, dürfte keine
große Mühe sein.

Wenn Sie mit dem Schalter am Gerät arbeiten, sollte der
Fernseher gut stehen. Sie kommandieren PFOTEN HOCH! SCHALT
EIN. Marconi muß lernen, das Betätigen mit dem Beginn oder Ende
des Fernsehtons in Verbindung zu bringen. Das wird ihm nicht leicht-
fallen, und Sie müssen ihn für jeden Versuch loben. Machen Sie ihm
mit wiederholtem SCHALT EIN Mut. Wenn er ihn trifft, loben Sie
ihn, machen Sie aber nicht gleich einen zweiten Versuch. Üben Sie
immer wieder — die Werbepausen sind wie geschaffen dafür.
Dieser Trick ist nicht gerade leicht. Es wird eine Weile dauern, bis er
die Veränderungen des Geräusches als Erfolg deutet. Bis dahin stupst
er den Fernseher nur an, weil Sie es wollen. Sie sollten dafür sorgen,
daß er es nur macht, wenn Sie es wollen.

8
TRICKS FÜR HOCHSPRUNGEXPERTEN

Springen — die Grundbegriffe
Sprung durch einen Reifen
Sprung über einen Menschen oder
    einen anderen Hund
Sprung über Herrchens Arm
Für Fortgeschrittene
Sprung über einen Stock
Komm in meine Arme!

Es gibt eine ganze Reihe von eindrucksvollen Tricks, die Ihr Hund lernen kann, wenn er erst einmal auf Kommando springt. Gehen Sie nicht zu schnell vor; er braucht dazu Selbstvertrauen. Der Hund muß fest daran glauben, daß er diesen Sprung ohne Gefahr übersteht und auf etwas Vertrautem landet, das ihm sicheren Halt gibt. Wichtig ist auch, daß er nicht merkt, daß es eine Alternative zu dem Sprung gäbe. Ob er sich nun von einer Leiter in Ihre offenen Arme plumpsen läßt, ob er durch einen Reifen oder über einen Stock springen soll, er muß immer das Gefühl haben, daß der Sprung die *einzige Möglichkeit* ist. Und denken Sie immer an die tausend Tode, die der Feigling stirbt, und setzen Sie alles daran, ihm einzureden, daß es eigentlich kaum einen Unterschied zwischen ihm und einem Adler gibt.

SPRINGEN — DIE GRUNDBEGRIFFE

Das einfachste Mittel, Ihren Hund zu seinem ersten Sprung zu animieren, ist ein Brett, das Sie quer in die Türöffnung stellen. Der Hund will vom einen ins andere Zimmer und hat folglich ein Interesse daran, über das Hindernis zu kommen. Er kann nicht unter dem Brett hindurchkriechen, er kann es nicht umgehen, es gibt keinen anderen Zugang. Und wieso sollte er in das Zimmer wollen? Na, dafür sorgen Sie!

Den ersten Versuch machen Sie zusammen mit Ihrem Hund. Sie nehmen einen guten Anlauf, und kurz vor dem Brett ziehen Sie an der Leine schräg nach vorn und sagen OLGA, SPRING. Springen Sie mit ihr, und nach geglücktem Sprung überhäufen Sie sie mit Zärtlichkeiten und Lob. Die meisten Hunde springen mit Begeisterung, und für einen gesunden Hund ist es auch ein guter Sport — der Sprung darf nur nicht zu hoch sein. Wenn Olga nicht gerade kurzatmig, arthritisch oder schwanger ist und wenn ihr Rücken und ihre Beine in Ordnung sind, sollte sie mindestens das anderthalbfache ihrer Schulterhöhe springen können. Das heißt, ein mittelgroßer Hund springt mindestens einen guten Meter hoch. Wenn Ihr Liebling nicht mit Ihnen über das Brett will, ist es vielleicht für den Anfang zu hoch. Da Olga ja Selbstvertrauen lernen soll, versuchen wir es noch einmal mit mehr Ermunterung oder notfalls mit einem niedrigeren Brett. Machen Sie sich keine Sorgen; wenn sie erst einmal weiß, wie es funktioniert, wird sie über so ziemlich alles springen. An dieser Stelle aber

noch einmal ein Wort von Ihrer Mutter. Ihr Sparbuch hat sich vielleicht noch gar nicht von dem Schock des Zauns erholt, den Sie Ihrem Hund zuliebe um den Garten gezogen haben, und Sie sollten sich überlegen, wie gut er wirklich springen soll. Ein Zaun ist nicht nur eine rein physische, sondern auch eine psychologische Barriere. Ein Hund kann in der Lage sein, anderthalb Meter hoch zu springen, und trotzdem hinter einem ein Meter hohen Zaun bleiben — solange nichts *zu* Interessantes auf der anderen Seite vorbeikommt. Aber wenn eine läufige Hündin mit dem Po wackelt oder sich ein Kater zeigt, den man jagen könnte, wird Ihr Liebling vielleicht doch den Sprung machen — schließlich haben Sie es ihm ja beigebracht. Wollen Sie das wirklich? Wahrscheinlich ja, aber überlegen Sie es sich genau.

Da stünden wir also, Sie, wir und Olga, bei dem Brett in der Tür. Lassen Sie Olga im einen Zimmer gegenüber dem Brett in SITZ-UND-BLEIB-Stellung gehen, steigen Sie, Leine in der Hand, hinüber ins andere Zimmer, holen Sie tief Luft und sagen Sie: KOMM, OLGA, SPRING, BRAVES MÄDCHEN. Hat sie's getan? BRAVES MÄDCHEN. Und weiter geht's. Nun stellen Sie sich neben Olga und schicken *sie* ins andere Zimmer. Und was glauben Sie — das Tier hat es begriffen. Sagen Sie SPRING … SPRING. Olga springt über das Brett, und dann macht sie kehrt und springt wieder zurück. Woraufhin Sie ihr natürlich sagen, daß sie schlicht und einfach die Größte ist.

Und nun zur Kür.

SPRUNG DURCH EINEN REIFEN

Stellen Sie nun den Reifen in die Tür. Warum wollen Sie Olga unnötig zu Fehlern verleiten? Sie hat das Springen gelernt und kennt das Kommando SPRING, aber vielleicht hat sie noch Hemmungen, *unter* dem oberen Bogen des Reifens hindurchzuspringen. Lassen Sie Olga im einen Zimmer, gehen Sie in das andere und ziehen Sie die Leine durch den Reifen, dessen unteres Ende die Türschwelle berührt. Rufen Sie Olga, und lassen Sie sie durch den Reifen spazieren. Wenn Sie zögert, machen Sie ihr Mut: KOMM, OLGA, BRAVES MÄDCHEN, KOMM, HIERHER etc. Streicheln Sie sie, loben Sie sie, und dann noch einmal von vorn. Wenn Olga durch den Reifen springt, als sei er gar nicht da, klemmen Sie ihn allmählich höher ein. Wenn Sie ihn auf etwa 30 Zentimeter haben und Olga ohne Widerspruch in beide Richtungen hindurchspringt, können Sie ihn aus der Tür nehmen und in der Hand halten.

Es kommt darauf an, daß der Hund durch den Reifen springt, wenn er zu Ihnen oder anderswohin will — er darf keinen anderen Weg nehmen, und es ist Ihre Aufgabe, dafür zu sorgen, nicht seine. Fordern Sie Olga auf, durch den Reifen zu springen. Wenn sie darum herumgehen will, sagen Sie NEIN, SPRING und folgen mit dem Reifen ihrer Bewegung, so daß sie ihn weiterhin vor der Nase hat. Wenn sie ihr struppiges Köpfchen unter dem Unterende hindurchschieben will, sagen Sie wiederum NEIN, SPRING und halten den Reifen tiefer. Unfair? Aber einfacher als den Hund hochzuheben ist es schon.

Üben Sie das Springen durch den Reifen, bis Olga es im Traum beherrscht. Am Anfang jeder Sitzung darf sie sich mit ein paar tiefen Sprüngen aufwärmen, dann erhöhen Sie die Schwelle, so weit es geht. Sie sollten diese Übungen machen, wenn Sie und Olga in guter Stimmung sind, und Ihre Freude darüber, was für eine großartige Springerin sie ist, mit ihr teilen.

SPRUNG ÜBER EINEN MENSCHEN ODER EINEN ANDEREN HUND

Das ist eine der abenteuerlichsten Springübungen, aber wir bringen sie gleich hier zu Anfang, weil sie nicht nur ausgesprochen komisch, sondern dazu noch leicht zu lernen ist. Bitten Sie einen Freund, Ihnen zu assistieren, und machen Sie mit Olga zuerst ein paar Aufwärmübungen mit dem Reifen. Danach dürfen Sie es sich am Fußboden bequem machen. Ihr Assistent faßt Olga an der Leine, die beiden nehmen Anlauf, er sagt im richtigen Moment OLGA, SPRING, und die zwei springen über Sie hinweg. Natürlich sollte Ihr Freund einigermaßen springen können! Wenn Olga erst einmal in Begleitung über Sie springt, üben Sie weiter wie zuvor, bis sie es auch ohne Begleitung und in beide Richtungen kann. Und denken Sie immer daran zu loben.

Aber die Sache kann noch alberner werden. Legen Sie sich wieder hin und kommandieren Sie SPRING. Während Olga springt, rollen Sie in die Richtung, aus der sie kommt, und rufen wieder

BRAVES MÄDCHEN, SPRING. Und immer hin und her, bis der erste nicht mehr kann. Oder Sie bringen ein paar Freunde zusammen, die sich nebeneinander auf den Boden legen — Ihr Hund kann doch sicher über mehr als nur einen Menschen springen. Oder Sie lassen Olgas Gefährten Igor Platz nehmen (Stellung SITZ UND BLEIB), und Olga springt über ihn weg. Wenn Sie zwei Hunde haben und wirklich Applaus ernten wollen, können Sie daraus eine zirkusreife Nummer machen.

Bringen Sie geduldig beiden Hunden bei, über den jeweils anderen zu springen, wie oben beschrieben. Nun wandeln Sie den Trick wie folgt ab: Olga springt über Igor und nimmt dann Platz. Igor erhebt sich und springt über Olga, die dabei an Igors vorherige Position rollt, wie Sie es vorhin mit ihr gemacht haben (siehe »Die Rolle« in Kapitel 4). Nach dem Sprung nimmt Igor Platz, und Olga springt — und so weiter, immer abwechselnd. Wenn Sie das gut genug einüben, bleiben die beiden praktisch immer an derselben Stelle, und Sie stehen da wie Siegfried und Roy in einer Person. An die Arbeit!

SPRUNG ÜBER HERRCHENS ARM

Einen Hund über Ihren ausgestreckten Körper springen zu lassen, über Arm, Bein oder sogar Ihren Kopf, sieht viel schwieriger aus, als es in Wirklichkeit ist, und Ihr Publikum wird vor Ehrfurcht starr sein. Kurz gesagt, genau die Art von Trick, die wir lieben.

Nach ein paar einfachen Übungen lassen Sie Ihren Hund von

einem Freund an die Leine nehmen. Sie knien sich hin, strecken einen Arm aus und lassen die beiden auf sich zukommen. Sagen Sie OLGA, SPRING, und lassen Sie Ihren Freund, wenn es sein muß, ein wenig nachhelfen, indem er die Leine schräg nach vorn zieht. Der Zug an der Leine muß immer sofort nachlassen, sobald der Hund springt; wenn Sie ihn aus Versehen für korrektes Verhalten bestrafen, verwirren Sie ihn. Üben Sie weiter, bis Ihr Hund auch diese Sprünge ohne Hemmungen absolviert. Wenn er groß genug ist (oder Sie klein genug sind), können Sie ihn auch im Stehen über den ausgestreckten Arm springen lassen. Oder Sie reichen Ihrem Freund die Hand, und Olga springt über diesen improvisierten Zaun.

FÜR FORTGESCHRITTENE

Inzwischen sollte Olga ja wissen, was von ihr erwartet wird, wenn sie ein Hindernis vor sich sieht und das Kommando SPRING hört. Nun können Sie neue Hürden ins Spiel bringen; achten Sie aber immer darauf, wie Ihr Hund damit zurechtkommt. Wenn er ängstlich oder ratlos wirkt, gehen Sie immer ein paar Lektionen zurück, damit er nicht das Selbstvertrauen verliert. Als erstes sollte immer eine Aufwärmphase kommen. Loben Sie ihn ausgiebig. Und üben Sie nie so lange, daß er müde wird oder ihm etwas wehtut. Hilfreich ist es oft, wenn man ihn am Beginn einer neuen Lektion den »Landebereich« erforschen läßt, bevor er das erste Mal springt.

Wenn Sie ansehnliche Beine haben, ziehen Sie Netzstrümpfe an, lassen Igor über das ausgestreckte Bein springen und ernten gemeinsam den Applaus. (Nein, Sie nicht. Das ist nur für Damen. Wenn *Sie* gute Beine haben, versuchen Sie es mit Tennis.)

Oder Sie knien sich hin und machen mit beiden Armen einen Zirkel, durch den der Hund hindurchspringen kann wie durch einen Reifen. Als nächstes strecken Sie ein Bein aus, den Fuß flach auf dem Boden. Igor hat inzwischen gewendet und springt über Ihr Bein. Dann drücken Sie sich an den Boden und lassen ihn über Ihren Rücken springen. Verstehen Sie, worauf es hinausläuft? Wenn Sie einen quirligen Terrier oder einen Pudel mit Hang zum Übermut haben, kann gar nichts mehr schiefgehen. Wenn Sie selbst auch noch gelenkig sind, um so besser. Bei jedem Sprung ändern Sie Ihre Haltung und präsentieren ihm eine neue Hürde. Diese Folge von Tricks hat ganz das Flair einer Zirkusnummer — Tempo, Komik, Turbulenz. Wenn Ihr Hund richtig in Fahrt kommt, wird er dem Publikum vorkommen wie ein ganzes Rudel. Und wenn er wirklich für den Zirkus geboren ist, dann kann er zwischen den Sprüngen sogar noch den Hut wechseln!

SPRUNG ÜBER EINEN STOCK

Der Sprung über den Stock ist eine Variante des vorigen Tricks, diesmal mit einer Requisite. Der Stock sollte gerade sein — ein Spazierstock oder ein Stück Rundholz in passender Länge (etwa 80 cm). Strecken Sie den Stab aus, wie Sie vorhin Ihren Arm ausge-

Das ist das wahre Showbusiness.

streckt haben, und lassen Sie Olga springen. Wenn Sie die vorigen Tricks gut geübt haben, sollte das kein Problem sein.

Nun fassen Sie den Stab mit beiden Händen und halten ihn hoch über Ihren Kopf. Nein, das ist kein Witz. Wahrscheinlich ist das ein Trick, bei dem Sie selbst auch zunächst etwas üben müssen. Beugen Sie sich vor und stützen Sie sich auf ein Knie. Halten Sie den Stab nun knapp über den Kopf. Darüber wird Olga springen. Wenn Sie beide soweit sind, lassen Sie sie am anderen Ende des Zimmers Platz nehmen (SITZ UND BLEIB). Richten Sie sich auf, und halten Sie den Stab so hoch über den Kopf, wie Sie können. Rufen Sie OLGA, SPRING, knien Sie nun sofort nieder und halten Sie den Stab nur noch knapp über den Kopf. Wenn Sie das geschickt genug machen, wird es *so aussehen, als ob* Olga über den hoch erhobenen Stab spränge. Das ist das wahre Showbusiness. Um die Illusion noch zu erhöhen, richten Sie sich sofort *nach* dem Sprung wieder auf. Sollten Sie sich zu früh aufgerichtet haben, nehmen Sie zwei Aspirin, legen Sie sich ins Bett und warten Sie ab, wie es Ihnen am Morgen geht.

KOMM IN MEINE ARME!

Das ist ein hübscher Abschluß der Sprungtricks, die Sie kennengelernt haben, empfiehlt sich allerdings nicht, wenn Sie einen Mastiff, Neufundländer, Bernhardiner, Pyrenäenberghund, Berner Sennenhund, Golden Retriever, Irischen Setter, Irischen Wolfshund, Bluthund, Rottweiler, eine Dogge oder sonst einen großen Hund haben. (Wahrscheinlich denken Sie jetzt, wir werden pro Wort bezahlt.) Anders gesagt, je kleiner der Hund für diesen Trick ist, desto besser — es sei denn, Sie sind King Kong. Viele kleine Hunde springen von sich aus auf und ab, wenn sie aufgeregt sind. Bringen Sie Ihren kleinen Wirbelwind richtig in Fahrt, klatschen Sie in die Hände, halten Sie Leckerbissen in die Höhe, pfeifen und johlen Sie, bis er Luftsprünge macht. Und dann — fangen Sie ihn. Dabei dürfen Sie sich vor Begeisterung gar nicht wieder einkriegen. Und gleich zum zweiten Mal. Anfangs wird er Ihnen noch nicht groß entgegenspringen; beugen Sie sich also hinunter, und fangen Sie ihn am Boden. Gerade das Gefangenwerden macht ihm Spaß, und entsprechend wird er sich anstrengen. Machen Sie das jeden Tag ein paar Minuten lang als Spiel. Als nächstes bringen Sie ihn dazu, daß er mithilft — rufen Sie ihn, und strecken Sie ihm dabei die Arme entgegen. Klopfen Sie sich an die Schenkel, halten Sie etwas zu essen hoch, und wenn er springt, fangen Sie ihn — ganz gleich, ob er nun wirklich zu Ihnen hochspringt oder ob er nur einen Luftsprung aus Begeisterung macht. Wenn er erst einmal gelernt hat, daß Sie ihn fangen und er auch noch Lob dafür erntet, wird er sich mehr Mühe geben. Vielleicht ist es ihm lieber, wenn Sie sitzen oder knien — experimentieren Sie. Und wenn Ihnen der Trick gefällt und Sie mit Ihrem Schäferhund, Saluki, Borzoi, Labrador, Akita, Bobtail oder Boxer einfach nicht zurechtkommen, dann besorgen Sie ihm einen kleinen Freund.

9
TRICKS FÜR GESCHICKTE PFOTEN

Die Wippe
Über Mauern klettern
Über einen Steg balancieren
Die Leiter
Hechtsprung ins Auto

Die folgenden Tricks sind nichts für den Feierabend-Dresseur, der sich nie bei der Arbeit die Hemdsärmel hochkrempelt. Wenn Sie Ihre Freunde beeindrucken oder sich ab und zu mit Ihrem Hund amüsieren wollen, dann finden Sie in diesem Buch genug atemberaubende und trotzdem einfache Kunststücke. Die Tricks im folgenden Kapitel haben einiges gemeinsam — die meisten sind schwierig, alle brauchen besondere Ausrüstung oder Requisiten, sie fordern von Ihnen überdurchschnittliches Geschick im Umgang mit dem Hund, und Ihr Hund sollte sehr gut trainiert sein und schon einiges an Erfahrung haben. Es wäre unfair, von einem »grünen« Hund zu erwarten, daß er eine Leiter hinaufsteigt oder über eine Mauer klettert. Ihr Schüler sollte Selbstvertrauen haben und folgsam sein, und er braucht eine gute körperliche Kondition, wenn er die folgenden Geschicklichkeitsübungen bewältigen soll. Wenn er und Sie allerdings die notwendigen Qualifikationen haben, dann wird Großes aus Ihnen beiden werden. Diese Tricks sind wirklich atemberaubend, und Sie und Ihr Hund steigen damit endgültig in die Meisterklasse auf. Wenn Sie beide also die Mühe nicht scheuen und etwas wirklich Aufregendes erleben wollen, dann lesen Sie weiter.

Hinweis: Es ist wichtig, daß die Ausrüstung, mit der Sie arbeiten, passend und solide ist. Gehen Sie bei den Übungen langsam und methodisch vor. Ihr Hund sollte stets angemessenes Lob und viel Erholung nach dieser schwierigen Arbeit bekommen.

DIE WIPPE

Es ist nicht nötig, für diesen Trick tatsächlich eine Wippe in Ihrem
Garten aufzustellen. Sicher gibt es irgendwo in der Nähe einen
Kinderspielplatz, und wenn die Kleinen im Bettchen sind, ziehen Sie
und Bonzo hinaus und üben an öffentlichem Gerät. Wenn Sie sich der
Wippe nähern, haben Sie den Hund zur Linken und an der Leine.
Setzen Sie Ihren linken Fuß auf die Seite der Wippe, die den Boden
berührt, und bringen Sie Ihren Hund dazu, sich auf den Balken zu
setzen. Die meisten werden zu Anfang auf der einen oder anderen
Seite wieder herunterspringen wollen. Halten Sie Bonzo kurz an der
Leine, so daß er gezwungen ist, oben zu bleiben, während Sie mit ihm
üben. Führen Sie ihn den Balken entlang. Wenn er sich der Mitte
nähert, beugen Sie sich vor, fangen ihn auf und loben ihn. (Es sei
denn, Bonzo ist ein Anderthalb-Zentner-Bernhardiner. Dann fangen
Sie ihn nicht auf, sondern loben ihn, wo er ist.) Wiederholen Sie diese
Übung zwei- oder dreimal, solange die Stimmung noch gut ist. Das ist
genug für den ersten Tag. Natürlich können Sie noch andere Dinge
mit ihm üben, aber lassen Sie die Wippe sein, bevor sie ihn langweilt.

Am nächsten Tag geht es wieder auf den Spielplatz, und Sie
beginnen mit derselben Übung. Denken Sie immer daran, mit dem
linken Fuß den Balken festzuhalten, damit er nicht kippt und Ihren
Hund erschreckt. Wenn Bonzo sich der Mitte nähert, sagen Sie mit
langsamer, vertrauenerweckender Stimme RUUHIG. Halten Sie die
Leine in der linken Hand, das Halsband festgezurrt, strecken Sie die

rechte Hand aus, und legen Sie sie an das hochstehende Ende des Balkens. Sagen Sie noch einmal so beruhigend wie möglich RUUHIG, führen Sie ganz behutsam Bonzo vorwärts, und drücken Sie langsam den Balken in seine horizontale Lage. Halten Sie ihn gut fest, damit er nicht plötzlich kippt. Lassen Sie sich viel Zeit, und reden Sie dabei beruhigend auf Bonzo ein. Nun lassen Sie den Balken sanft auf der anderen Seite niederkommen. Bonzo, den Sie ja noch immer fest an der Leine haben, geht hinunter bis zum Ende und steigt dann ab. Überschütten Sie ihn mit Lob.

Wenn Bonzo erst einmal gelernt hat, wie es funktioniert, wird er den Trick auch schnell absolvieren können. Er wird sich sogar beeilen, ihn hinter sich zu bekommen, weil dann der wirklich interessante Teil kommt — das große Hallo, mit dem Sie ihn begrüßen. Er muß allerdings lernen, daß es notwendig ist, in der Mitte innezuhalten, bis sein Gewicht die Wippe zum Umschlagen gebracht hat, und erst dann die andere Seite hinunter zu galoppieren. Bis er das wirklich im Gefühl hat, müssen Sie ihn genau steuern. Wenn er den Trick erst einmal beherrscht, können Sie Ihrer Phantasie freien Lauf lassen. Stecken Sie Bonzo in ein Clownskostüm, lassen Sie ihn etwas im Maul tragen, versuchen Sie es mit zwei kleinen Hunden hintereinander. Nehmen Sie Ihr eigenes Publikum mit auf den Spielplatz oder gehen Sie nun einfach tagsüber, und beeindrucken Sie die Kleinen mit Ihrem fabelhaft dressierten Hund.

ÜBER MAUERN KLETTERN

Der praktische Nutzen dieses Tricks wird nur von dem spektakulären Eindruck, den er macht, noch in den Schatten gestellt. Es ist ein Trick, der zur Ausbildung von Polizei- und Militärhunden gehört. Ein Hund, der einen Übeltäter verfolgt, muß mit jedem Hindernis fertigwerden, das den Ganoven nicht aufhält, zum Beispiel mit einer Mauer. Das Klettern ist etwas grundsätzlich anderes als das Überspringen der Mauer. Ein Mäuerchen wird der Hund einfach überspringen, im Idealfalle ohne daß er es berührt. Doch was, wenn die Mauer zu hoch dafür ist? Beim Klettern ist der Kontakt mit der Mauer erforderlich; der Hund braucht andere Techniken dafür, setzt andere Muskeln ein, und deshalb wird es auch unabhängig vom Springen gelehrt.

Auch psychologisch ist es gut für einen Hund, wenn er klettern kann — es fördert sein Selbstvertrauen, denn nun wird er sich als ein Vierbeiner fühlen, den nichts aufhalten kann. Das Selbstvertrauen wird Ihnen und ihm das Leben ungleich leichter machen, gerade wenn er ein schüchterner Hund ist.

Allerdings soll auch nicht verschwiegen werden, daß dieser Trick seine Nachteile hat. Um ihn dem Hund beizubringen, müssen Sie eine Übungsmauer bauen; eventuell brauchen Sie dazu noch einen Platz, an dem Sie sie verstauen können. Wenn Sie sich für eine permanente Mauer entscheiden und sie in Ihrem Garten errichten lassen, haben Sie zumindest immer einen guten Gesprächsgegenstand. Der zweite

Nachteil ist, daß es für Ihren Hund wirklich harte Arbeit ist — gerade wenn er auf der anderen Seite der Mauer wieder auf dem Boden landet. Zeitlupenaufnahmen zeigen, daß die Wucht, die ihn dabei trifft, gewaltig ist. Allerdings hat man Hunde, die dieser Belastung jahrelang ausgesetzt waren, untersucht und keine ernsthaften Gesundheitsschäden gefunden, die direkt auf das Klettern zurückzuführen wären. Ihre Körper waren gestählt und hatten sich der physischen Belastung ihrer Arbeit angepaßt. Da Ihr Hund ja kein Polizei- oder Militärhund werden soll, werden wir ihm die Sache ein wenig leichter machen: Die Mauer, die Sie für Kojak bauen, bekommt auf der anderen Seite eine Plattform auf halber Höhe, auf die er springen kann.

Die Mühen, die auf Sie und Kojak zukommen, sind beträchtlich, aber lassen Sie sich nicht entmutigen — der Trick ist nicht so schwer, wie er später denen, die Sie damit beeindrucken, vorkommen wird.

Es gibt zwei Grundtypen für die Klettermauer. Die eine ist permanent und wird im Boden einzementiert. Sie ist in der Höhe verstellbar, hält ewig und ist leicht zu bauen, zu benutzen und zu pflegen. Die zweite ist tragbar und hat von der Seite gesehen eine A-Form. Die Höhe verstellen Sie hier durch den Winkel. Die tragbare Mauer wird Ihnen auf den ersten Blick praktischer vorkommen, weil Sie sie zum Beispiel zum Dressurwettbewerb der nächsten Landwirtschaftsausstellung mitnehmen können, doch andererseits ist sie schwer, unhandlich, wird leicht auf dem Transport beschädigt und steht nicht auf glattem Untergrund. Sie bräuchten auch einen ziemlich großen Pritschenwagen, um sie zu transportieren, und selbst da würde der Hund vielleicht nicht mehr dazupassen! Kurz, wir würden die verstellbare, fest installierte Wand vorziehen, wenn es sich finanziell machen läßt.

Beginnen Sie mit einer Höhe von anderthalb Metern, wenn Ihr Hund Schäferhund- oder Dobermanngröße hat. Bei dieser Höhe brauchen Sie noch keine Plattform auf der Rückseite. Stehen Sie rechts vom Hund, so daß er in der BEI-FUSS-Position ist. Sie haben die Leine angelegt, stehen etwa zwei Meter von der Mauer und machen ihm mit begeisterten Worten Mut. Im Schlaf wird er die Mauer nicht erklimmen. Feuern Sie Kojak an. AUF GEHT'S, KOJAK! WIR ZWEI SCHAFFEN DAS, KOJAK! DU KANNST DAS, KOJAK! Er hat natürlich keine Ahnung, was Sie von ihm erwarten, aber er kommt in Stimmung. Rufen Sie UND LOS! und laufen Sie mit ihm auf die Mauer zu. Dazu ziehen Sie die Leine nach oben und kommandieren HUPP! Bei diesem Wort, die Leine in der linken Hand, ziehen Sie Kojak über die Mauer. Sobald er auf der anderen Seite landet, überschütten Sie ihn mit Lob. *Achten Sie aber sehr darauf, daß die Leine sich nicht in der Mauer verfängt.* Es ist wichtig, daß Kojak gelobt wird, sobald er die Übung absolviert hat, und wenn die Leine hängenbliebe, würde er am Hals gezerrt, obwohl er gerade etwas richtig gemacht hat — die unverdiente Strafe würde ihn völlig verwirren. Behalten Sie die Leine im Blick und loben Sie ihn: GUTER JUNGE! BRAVER HUND. ICH HAB DOCH GEWUSST, DASS DU DAS SCHAFFST!

Machen Sie einen zweiten Versuch aus derselben Richtung.

Kojak darf gar nicht auf die Idee kommen, daß er auch um das Hindernis herumgehen könnte. Wenn er es versucht, ziehen Sie ihn zurück und sagen NEIN! Je höher die Mauer wird, desto kräftiger werden Sie ziehen müssen, aber andererseits hat Kojak inzwischen auch begriffen, daß es ernst ist. Machen Sie die Übung etwa fünfmal am ersten Tag, aber hören Sie nicht mit einem Versuch auf, bei dem er es nicht geschafft hat. Kojak braucht Selbstvertrauen. Wenn er Überstunden braucht, machen Sie mit. Mißlingt es mehrfach hinter-einander, könnte der Fehler bei Ihnen liegen. Ihr Anteil an dieser Übung ist, daß Sie Kojak Mut machen, über die Mauer zu kommen. Wenn Sie das nicht schaffen, brauchen *Sie* Vitaminpillen und ein paar Stunden im Sportstudio. Ihr Hund wird diese Übung nicht zum Vergnügen machen — er muß wissen, daß *Sie* die Kraft haben, ihn über die Mauer zu bringen.

Jeden Tag machen Sie ein, zwei Übungen mehr als am Vortag. Wenn Kojak ein dutzendmal über die Mauer gekommen ist, erhöhen Sie das Hindernis. Beim ersten Mal können es zehn Zentimeter sein, aber von da an nur noch jeweils fünf. Nach jeder Erhöhung gehen Sie zunächst mit der Zahl der Anläufe auf sieben zurück und steigern sich dann nach und nach wieder auf zwölf. Inzwischen weiß Kojak, was Sie von ihm wollen, und Sie kommen schneller voran. Sie sollten die Bretter, die Sie hinzustecken, markieren, dann haben Sie immer einen Maßstab für die Höhe. Wenn Sie nicht gern selbst rechnen, schlagen Sie in Kapitel 11 unter »Sprechen, Zählen, Rechnen« nach und lassen Kojak für sich rechnen. Das macht den Trick noch interessanter.

Wenn Sie Kojak auf 1,75 Meter gebracht haben, können Sie beide sich schon sehen lassen. Wenn Sie es noch bis 1,80 schaffen, sind Sie Meister — das ist die Höhe, die meistens für Polizeihunde gefordert wird, und damit sind Sie und Kojak in guter Gesellschaft.

Wenn Sie noch höher hinauswollen, müssen Sie ein bißchen nachhelfen. Die nächsten Latten sind zusätzlich mit Stoffstreifen bezogen, die dem Hund für die letzte Hürde zusätzliche Traktion geben. Wenn Sie mit Kojak solche Höhen erreichen wollen, werden Sie das kleine bißchen Mogeln schon brauchen. Wenn Sie mit der transportablen Wand arbeiten, stellen Sie die beiden Flügel immer steiler, bis sie beinahe rechtwinklig zum Boden stehen. Ein echter 90-Grad-Winkel ist natürlich mit dieser Lösung nicht zu erreichen.

Hundebesitzer übertreiben bei der Höhe, die ihr Liebling bewältigen kann, genau wie sie bei dessen Größe oder Gewicht übertreiben. Der Rekord liegt bei 3,76 Metern und wird von Mrs. G. Smith aus Swampscott, Massachusetts, und ihrem Deutschen Schäferhund Falko gehalten. Wenn Sie höher kommen, lassen Sie es uns wissen — dann setzen wir Ihren Namen bei der nächsten Auflage an diese Stelle.

ÜBER EINEN STEG BALANCIEREN

Je höher und schmaler der Steg, desto eindrucksvoller wird dieser Trick. Aber wenn Sie zeigen, was Ihr Hund alles kann, wird niemand auf die Breite des Steges achten — die Leute merken den Unterschied zwischen einem halben und einem viertel Meter überhaupt nicht, obwohl es sicher viermal so schwer ist, dem Hund das Gehen auf dem schmaleren Steg beizubringen. Bauen Sie Ihren Laufsteg also ruhig breit; wichtig ist, daß er stabil steht — Ihr Hund würde sich nur mit großer Mühe das Laufen auf einem wackligen Steg beibringen lassen, selbst wenn er kaum über den Boden hinausragt. Da niedrige, improvisierte Stege schon sehr stabil sein müssen, bevor Ihr Hund sich sicher darauf fühlt, spricht letzten Endes alles für hohe, permanente Stege. Die Ausbildung ist zu Anfang etwas schwieriger, aber dafür sparen Sie Zeit und Geld, die Sie sonst für mehrere Stege unterschiedlicher Höhe bräuchten.

Bevor Sie mit der Arbeit beginnen, überlegen Sie, was Sie mit diesem Trick anfangen wollen. Wenn Sie nur im Garten Ihren Freunden zeigen wollen, was Ihr Hund kann, bauen Sie sich dort einen stabilen Steg. Wenn Sie aber im Hinterkopf haben, daß Sie mit dem Trick bei Wohltätigkeitsveranstaltungen oder als Truppenbetreuer auftreten könnten, brauchen Sie etwas Transportableres. Selbstgebastelte Stege aus Holz geraten meistens zu wacklig, und am besten stehen Sie sich mit einem Profimodell aus Metall, das zum Transport zerlegt werden kann.

Wenn Ihnen ein Hindernisparcours vorschwebt, sollten Sie auch überlegen, an welcher Stelle sich der Laufsteg am besten einfügt. Die Hindernisse sollten so aufgestellt sein, daß der Hund gut vom einen zum anderen kommt, und natürlich sollte das effektvollste immer als letztes kommen.

Wenn Sie das alles bedacht haben, werden Sie am Ende einen Laufsteg haben, der etwa schulterhoch ist. Wie kommt aber nun Ihre Afghanenhündin Claudia da hinauf? Sie können eine Treppe mit leicht abgeschrägten Stufen bauen, deren Zwischenräume mit Blenden versehen sein sollten. Je offener die Stufen, desto ängstlicher wird Ihr Hund sein. Es wird Ihnen vielleicht schon aufgefallen sein, daß Hunde auf Treppen stutzen, auf denen sie zwischen den Stufen hindurchsehen können, und es ist ja nicht nötig, daß der Weg zum Laufsteg schwieriger ist als der Steg selbst. Auch eine Rampe wäre eine gute Lösung; nageln Sie ein paar Querlatten auf, damit der Hund beim Aufstieg gut Halt hat. Am Vorderende können Sie ebenfalls eine Rampe ansetzen, oder Sie stellen eine Plattform auf — zwei kurze Sprünge sind ein effektvoller Abschluß für diesen Auftritt.

Beginnen Sie mit Claudia BEI FUSS, und schicken Sie sie dann ganz langsam die Treppe oder Rampe hinauf zum Steg. Wie immer wird sie an Ihrer linken Seite bleiben, und Sie führen sie vorsichtig mit der Leine voran und machen ihr dabei mit Worten Mut. Wenn Sie nervös wirkt, halten Sie inne, streicheln sie und versichern ihr, daß alles in Ordnung ist. Aber lassen Sie nicht zu, daß sie herunterspringt! Bremsen Sie sie, halten Sie inne, beruhigen Sie sie. Haben Sie Geduld. Wie bei all diesen Geschicklichkeitstricks ist Eile nur schädlich. Ganz allmählich geleiten Sie sie zum anderen Ende des Laufstegs. Mit sanftem Druck bringen Sie sie zum Sprung auf die Zwischenstufe und von dort hinunter. Nun ist es Zeit für überschwengliches Lob. Kein Hund hat je etwas so Unglaubliches getan.

Wenn sie das Streicheln und die ganze Aufmerksamkeit genießt und keinen allzu nervösen Eindruck macht, können Sie sie schon bei dieser ersten Übungsstunde noch ein- oder zweimal über den Steg schicken. Wenn sie unglücklich wirkt, zwingen Sie sie nicht. Geduldige Wiederholung und viel, viel Lob werden dafür sorgen, daß Claudia schon bald über den Steg laufen wird, als sei es die selbstverständlichste Sache der Welt.

Auch für uns Menschen ist es ein unglaublicher Schub für das Selbstbewußtsein, wenn wir eine Schwierigkeit gemeistert haben, und das ist bei Hunden nicht anders. Wenn Claudia den Hindernisparcours bewältigt hat, wird sie nicht nur mehr Selbstvertrauen, sondern auch mehr Glauben an Sie haben. Schüchterne Hunde blühen auf. Selbst bei schüchternen Hundebesitzern wird es sich bemerkbar machen, und sie werden eher an ihr eigenes Geschick als Dresseure glauben. Auch wenn anfangs Widerstände zu überwinden sind und die Ausrüstung Zeit und Geld kostet, kann der Nutzen dieser Tricks für Herrn und Hund gewaltig sein.

DIE LEITER

Hier haben wir ausnahmsweise einen Trick, der wirklich so schwer ist, wie er aussieht. Es nützt auch nichts, wenn Sie die Leiter schräger stellen, denn Ihr Hund wird immer noch Angst haben, wenn er zwischen den Sprossen in die Tiefe blickt. Überlegen Sie, welche

Leiter sich eignet — eine hölzerne Stehleiter wäre gut, aber auch eine ausziehbare Aluminiumleiter ist in Ordnung. Wenn Sie immer dieselbe Leiter nehmen und sie immer am selben Ort aufstellen, wird es leichter für den Hund. Anfangs wird Sherpa beim Klettern ziemlich unsicher auf den Pfoten sein, und Sie sollten sehen, daß wenigstens die Leiter gut steht.

Gehen Sie mit Sherpa — mit Halsband und Leine versehen und BEI FUSS — auf die Leiter zu, klopfen Sie auf die unterste Stufe und sagen Sie HINAUF. Wenn er auch nur einigermaßen erzogen ist, wird Sherpa daraufhin seine Pfote auf die unterste Sprosse legen. Damit wäre der gemütliche Teil vorbei. Die zweite Sprosse wird schon schwieriger. Kommandieren Sie wieder HINAUF, und ziehen Sie dabei mit sanftem Druck am Halsband aufwärts, bis Sie Sherpas Beine auf die zweite Sprosse gehievt haben. So weit, so gut. Aber die echten Schwierigkeiten kommen erst jetzt, wo Sherpa auch mit den Hinterbeinen auf die Leiter muß. Da Hunde im Nahbereich nicht gut räumlich sehen, kann er die Sprosse weniger klar orten als ein Mensch. Das wird ihn unsicher machen, solange er noch kein Selbstvertrauen hat. Ziehen Sie weiter am Halsband aufwärts, begleitet vom Kommando HINAUF! Erwarten Sie nicht gleich am ersten Tag ein Wunder. Wenn Sherpa bis in die Mitte der Leiter gekommen ist, nehmen Sie ihn in die Arme, und loben Sie ihn ausgiebig. Er hat eine Heidenangst gehabt, aber er hat es für Sie getan, der gute Hund.

Es ist sehr wichtig, daß Sherpa nicht von der Leiter fällt — eine schlechte Erfahrung würde ihn weit zurückwerfen. Er wird vielleicht

versuchen abzuspringen, aber das dürfen Sie nicht zulassen — er würde sich mit Sicherheit beim Sprung an der Leiter stoßen, und sie könnte dabei umfallen. Wenn Sie mit einer Stehleiter arbeiten, können Sie ihm beibringen, von der Plattform am oberen Ende abzuspringen — aber nur auf Kommando. Er soll nicht hinaufklettern und dann sofort wieder herunterspringen. Schließlich brauchen Sie ja Zeit, bis Sie auf die andere Seite gegangen sind und ihn auffangen können. Die ausziehbare Leiter könnten Sie von außen an ein nicht zu hohes Fenster stellen. Dann braucht Sherpa gar nicht zu springen, sondern kommt einfach über die Leiter ins Haus. Natürlich sollten Sie die Leiter in diesem Falle nach der Übungsstunde wegnehmen, denn sonst kommt leicht auch jemand nicht so Willkommenes einfach über die Leiter ins Haus!

Sherpa wird nach und nach Fortschritte machen, Sie selbst werden immer geschickter werden, ihn bei dieser schwierigen Übung zu führen, und irgendwann kommt der Punkt, an dem Sie die Leine über das obere Ende der Leiter werfen und dann vom anderen Ende aus ziehen können, um ihn zum Klettern zu animieren. Die Leine sollte straff sein, ihn aber nicht zerren. Halten Sie sie aber auch nicht zu locker, sonst könnte Sherpa sich darin verfangen, und das wäre gefährlich. Andererseits kann er die Pfoten nicht sicher aufsetzen, wenn Sie zu sehr zerren. Seien Sie behutsam — Sie ziehen eine wertvolle Last.

Lassen Sie es in der ersten Übungsstunde bei einem Mal bewenden, und solange Sherpa den Trick nicht wirklich beherrscht, sollten es auch später nicht mehr als zwei oder drei Mal sein. Setzen Sie den Hund nicht zu sehr unter Druck. Diese Übung ist sehr schwer für ihn, und Sie wollen ja nicht, daß er schon die Flucht ergreift, wenn er nur die Leiter sieht. Wenn er es in aller Ruhe lernen kann, wird er es auch gern tun, weil er weiß, wie stolz Sie auf ihn sind. Überschütten Sie ihn also nach jeder erfolgreichen Besteigung mit Lob. Schließlich tut der Hund etwas sehr Tapferes, nur um Ihnen eine Freude zu machen.

HECHTSPRUNG INS AUTO

Warum um alles in der Welt sollten Sie wollen, daß Ihr Hund einen Hechtsprung ins Auto macht? Wenn Sie tatsächlich mit dem Gedanken spielen, mit Ihrem dressierten Hund in der Öffentlichkeit aufzutreten, ist der Sprung ins Auto ein umwerfender Abschluß ihres Auftritts. Und wenn Sie nur mit Ihrem Hund angeben wollen, ist es immer noch ein umwerfender Abschluß. Und selbst wenn Sie Ihrem Hund nur diesen einen einzigen Trick beibringen, werden die Leute auf der Straße große Augen machen, wenn Sie aus dem Laden kommen, OLIVER, SPRING INS AUTO! rufen (nachdem Sie sich vergewissert haben, daß die Scheibe heruntergekurbelt ist) und Oliver durchs Fenster in den Wagen segelt. Jeder wird überzeugt sein, daß dieser Hund einfach alles kann. Hat der Trick auch einen praktischen Nutzen? Sie kennen uns inzwischen, und wann immer möglich, lautet die Antwort JA! Wenn schlechtes Wetter ist und er durch die Tür einsteigt, klettert er über die Sitze, und Sie und Ihre Mitfahrer sitzen im Dreck. Haben Sie aber einen Kombi, bei dem man die Rückscheibe herunterkurbeln kann, könnte SPRING INS AUTO genau das richtige sein. Und mit einem Minimum an Aufwand stehen Sie als großer Hundedresseur da.

Auch auf die Gefahr hin, Sie zu verwirren: Es wird Ihrem Hund leichter fallen, in den Wagen zu springen, wenn er vorher gelernt hat, *heraus*zuspringen. Sorgen Sie auch dafür, daß er das SPRING INS AUTO vom normalen AB INS AUTO unterscheiden kann, bei dem er durch die Tür einsteigt — das ist wichtig, damit er nicht mit Karacho gegen die geschlossene Scheibe springt. Ihr Murmeln könnte fatale Folgen haben— betonen Sie also das AB und das SPRING sehr deutlich.

Am Anfang haben Sie Oliver an der Leine. Er ist ein folgsamer Hund, hat schon einige Tricks gelernt und ist ein guter Zuhörer. Fordern Sie ihn auf: AB INS AUTO. Wenn er drinsitzt, kurbeln Sie ein Seitenfenster *ganz* herunter und ziehen Sie die Leine hindurch. Nun rufen Sie ihn zu sich nach draußen, und zwar energisch und aufmunternd. Sie können ein wenig mit der Leine nachhelfen, aber zerren Sie ihn nicht. Er wird vielleicht zuerst über die Kante blicken, um den Landebereich zu erkunden, doch ansonsten sollte er ohne weiteres herausspringen. Üben Sie das (mit großem Lob) ein paarmal, und dann versuchen Sie es mit der Gegenrichtung. Das Fenster ist nach wie vor offen, und Sie klopfen nahe dem Fenster an den Wagen und rufen SPRING INS AUTO! Wieder wird er sich zunächst auf die Hinterbeine stellen und die andere Seite erkunden wollen. Lassen Sie ihn gewähren. Es kann auch gut sein, daß er ein paarmal Anlauf nimmt, ohne zu springen. Wenn er sich gar nicht traut, sollten Sie ihm zuvor den Sprung durch einen bezogenen Reifen (Kapitel 10) beibringen. Nun versuchen Sie es mit Anlauf. Laufen Sie gemeinsam, und wenn Sie sich dem Wagen nähern, rufen Sie SPRING INS AUTO! und geben ihm noch einen kleinen Ruck mit der Leine. Wenn es gelingt, hat er sich enthusiastisches Lob und eine Spazierfahrt verdient.

Bei einem Kombi oder Wagen mit Heckklappe können Sie ihn natürlich auch einfach in den Laderaum springen lassen. Setzen Sie eins Ihrer stets kooperativen Kinder mit ein paar Hundekuchen hinein. Machen Sie die Klappe weit auf und kommandieren Sie SPRING INS AUTO, SUCH VICKY. Vicky kann Oliver noch zusätzlich rufen und mit den Kuchen winken. Wenn er nicht gerade ein winziger Zwerghund oder ein besonders kurzbeiniges langgestrecktes Modell ist, wird er hineinspringen. Üben Sie, wenn Sie ohnehin spazierenfahren wollen — auf diese Weise wird er doppelt für seine Geschicklichkeit belohnt. Und wenn er zu klein ist? Wir haben es Ihnen ja schon beim Trick mit der Klingel gesagt — Sie brauchen einen größeren Hund. Und wenn Sie so weit denn doch nicht gehen wollen, nehmen Sie einfach einen anderen Trick.

10
ZIRKUS-
TRICKS

Sprung durch einen bezogenen Reifen

Fässer rollen

Kisten ziehen

Auf den Vorderbeinen gehen

Im Zickzack

Woher nehmen die kleinen Zirkushunde ihre enorme Energie, und was macht sie so sympathisch? Wie stehen sie zwei Vorstellungen pro Tag durch, sieben Tage die Woche? Ein Gutteil des Geheimnisses heißt Applaus. Genau wie Menschen sind auch Hunde immer auf Anerkennung aus. Viele Hunde genießen es, eine Vorstellung vor Publikum zu geben — je mehr Leute, desto besser. Manche Hunde lassen sich sogar von den Zuschauern zu Zugaben und Ausschmückungen ihrer Nummern anfeuern. Vielleicht haben Sie das bei Ihrem Hund auch schon erlebt, daß er mit einem Trick, der ihm einmal Applaus eingebracht hat, von sich aus kommt. Wenn Ihr Hund der geborene Entertainer ist, bringen Sie ihm noch ein paar Kunststücke bei, und schicken Sie ihn in den Ring.

Ein echter Zirkushund wird er durch Erfahrung. Er muß sich nach und nach an das Publikum gewöhnen, bevor er zum Publikumsliebling wird. Nehmen Sie ihn in der Zeit, in der Sie noch an seinem Trickrepertoire arbeiten, öfter mit ins Einkaufszentrum. Gehen Sie mit ihm in den Eisenwarenladen, zu den Wühltischen im Kaufhaus. Gehen Sie mit ihm auf den Flohmarkt (das soll keine Anspielung sein) oder zu einem Straßenfest. Das Getümmel wird ihn abhärten für ein Leben im Rampenlicht. Und auch wenn Ihr kleiner Clown vielleicht nicht so weit geht, daß er mit dem Zirkus davonläuft, wird er doch mit viel mehr Selbstvertrauen bei Tante Frieda oder beim Jahrestreffen des Frauenvereins auftreten. Ganz gleich, welches Publikum — wenn Sie Ihre Sache richtig machen, wird Ihr Hund nicht nur zu Höchstform auflaufen, sondern er wird es auch noch genießen und es gar nicht abwarten können bis zur nächsten Vorstellung. Also, ab in die Manege — und ordentlich Beifall bitte!

SPRUNG DURCH EINEN BEZOGENEN REIFEN

Das ist eine Variante des Sprungs durch einen Reifen oder über einen Stab. Jeder Auftritt wird damit ungleich dramatischer, gerade wenn das Bezugspapier auch noch bemalt ist. Einen Nachteil hat dieser schöne Trick allerdings — nach jedem Sprung muß das Papier ersetzt werden. Als Reifen nehmen Sie am einfachsten einen Hula-Hoop-Reifen, und wenn Sie schon im Laden sind, kaufen Sie am besten gleich noch eine Tonne farbiges Seidenpapier.

Fangen Sie nicht gleich mit dem bezogenen Reifen an. Als erstes müssen Sie den Hund dazu bringen, überhaupt hindurchzuspringen, wie in Kapitel 8 beschrieben. Wenn er das beherrscht, befestigen Sie innen am Reifen *Bänder* aus Seidenpapier — beziehen Sie ihn nicht gleich ganz. Kleben Sie die Papierstreifen oben am Rand mit Gummikleber an. Wenn Geronimo sich ohne weiteres durch den Reifen stürzt, können Sie auch unten Bänder hinzukleben. Üben Sie jeden Tag mit ihm, und jeden Tag kommen ein paar Bänder dazu. Wenn Sie Sinn fürs Dekorative haben, nehmen Sie verschiedenfarbige Streifen, und arrangieren Sie sie zu einem Regenbogeneffekt — dann haben Sie schon einen eindrucksvollen Trick, bevor Geronimo zum ersten Mal zum großen Sprung ansetzt. In diesem Stadium sollten Sie auch in den Übungsstunden schon vor Publikum arbeiten.

Mittlerweile ist der Reifen mit so vielen Papierstreifen versehen, daß er fast ganz bedeckt ist, und die Zeit ist reif für den großen Augenblick. Nun bespannen Sie den Reifen mit einem ganzen Bogen, reißen

ihn allerdings in der Mitte ein wenig ein, so daß Geronimo immer noch sehen kann, wohin er springt. Allmählich werden Sie einsehen, daß die Papierversorgung das Schwierigste an diesem Trick ist. Wenn Geronimo den Bogen mit dem Riß absolviert hat, ist er bereit für den Sprung ins Ungewisse — durch den massiven Bogen Papier. Der Trick ist auch in seinen früheren Stadien schon eindrucksvoll, aber nun werden Sie beide das Publikum zu Begeisterungsstürmen hinreißen.

Wenn Geronimo mit Gusto einen Bogen nach dem anderen zerfetzt, können Sie den Trick weiter ausbauen. Stellen Sie mehrere Reifen hintereinander und lassen Sie ihn mit einem einzigen großen Satz durch alle auf einmal springen, oder besorgen Sie ihm ein buntes Kostüm. Er könnte auch beim Sprung etwas im Fang tragen. Ob kunstvoll oder schlicht — Ihnen und Geronimo, dem todesmutigen Springer, ist der Beifall gewiß.

FÄSSER ROLLEN

Erinnern Sie sich noch an die Platte mit Stimmungsliedern, die Sie schon lange wegwerfen wollten? Holen Sie sie aus dem Schrank, denn mit »Sieben Fässer Wein«, einem Fäßchen und einem dressierten Hund können Sie und Ihre Freunde nun eine Menge Spaß haben. Mit dieser Nummer wird Ihr Hund endgültig in die Domäne der Profis aufsteigen — der Trick hat Farbe, Musik, eine lustige Requisite, und er hat jede Menge Schwung.

Tricks mit Requisite haben allerdings auch immer einen Nachteil — die Sachen sind teuer in der Anschaffung und schwer zu transportieren. Heutzutage ist es gar nicht mehr so leicht, ein ordentliches Fäßchen zu bekommen. Die traditionellen Holzfässer, die einmal ein Böttcher in Handarbeit baute und instandhielt, werden überall durch Plastik- oder gar Pappcontainer ersetzt. Ein Pappfaß mag zwar leichter rollen, aber es wird kaum eine Zwölf-Länder-Tournee überstehen. Suchen Sie das Faß passend zur Größe Ihres Hundes aus. Ein im Verhältnis zu großes Faß läßt einen kleinen Hund nicht zur Geltung kommen. Ein Fünf-Liter-Bierfäßchen wäre das richtige für einen Westentaschenhund, für einen mittelgroßen kann es eines der Partyfässer sein, die man im Getränkehandel bekommt. Mit dem Dekorieren des Fasses warten Sie, bis der Rest der Arbeit getan ist.

Machen Sie die ersten Übungen auf einer ebenen Fläche. Ein fester Untergrund ist besser als Rasen, wo es immer uneben sein wird. Stellen Sie sich auf die linke Seite Ihres Hundes. Bei den meisten bisherigen Übungen stand der Hund an *Ihrer* linken Seite; hier sind die Verhältnisse umgekehrt, damit er den Trick flexibler beherrschen lernt: Beim Auftritt wird der Hund zwischen Ihnen und dem Publikum sein — er wird das Faß eher quer über die Bühne rollen als zu den Zuschauern hin oder von ihnen fort —, und Sie müssen die Seite wechseln können (je nachdem, in welche Richtung er rollt), ohne ihn zu verwirren. Da er die Arbeit zu Ihrer Linken schon gewöhnt ist, sollten Sie ihm die Anfänge dieses Tricks auf der Rechten beibringen. Bacchus trägt sein Halsband, und Sie haben ihn an der Leine. Der größte Teil der Leine ist ordentlich zusammengerollt in Ihrer rechten Hand, damit sie Ihnen nicht in die Quere kommt. In der linken Hand halten Sie einen Stock. Den linken Fuß haben Sie ausgestreckt und hindern damit das Faß am Rollen. Jetzt sagen Sie zu Bacchus: PFOTEN HOCH. Klopfen Sie bei diesem Kommando mit dem Stock auf das Faß und ziehen Sie die Leine schräg nach vorn, damit er ermuntert wird, mit allen vier Pfoten auf das Faß zu steigen. Sobald er das getan hat, lassen Sie die Leine wieder locker und loben ihn. Sprechen Sie bei der Arbeit mit ihm, mit ruhigen, beschwichtigenden Worten. Sie müssen verhindern, daß er sich vor dem Faß fürchtet.

Noch steht das Faß ruhig, von Ihrem Fuß gehalten, und Bacchus hat nun also alle vier Füße auf dem Faß. Halten Sie ihn mit der Leine, damit er nicht abspringt, stoßen Sie eines seiner Vorderbeine mit dem Stab an und kommandieren Sie ROLL! Bacchus wird das angestoßene Bein heben, und Sie können die Leine lockerer lassen. Nun kommt Ihre eigene Showeinlage, denn nun müssen Sie auf einem Fuß vorwärts hüpfen. Ziehen Sie die Leine wieder straffer, und geben Sie dem anderen Vorderbein Ihres Hundes einen Stups. Bacchus setzt den einen Fuß nieder und hebt den anderen, und wieder lassen Sie mit dem Druck nach. Halten Sie inne, und loben Sie ihn. Gehen Sie nicht zu schnell vor. Wenn er beim nächsten Anstoß wieder das Bein wechselt, lassen Sie das Faß rollen. Bei jedem sanften Anstoß ans Bein wiederholen Sie ROLL. Jedesmal, wenn er den Fuß wieder aufs Faß setzt, loben Sie ihn dafür, daß er ein so braver Hund ist. Wenn er den Grundgedanken begriffen hat, können Sie das Tempo erhöhen.

Wenn Bacchus das Schauspieltalent ist, das wir uns vorstellen, werden Sie schon bald ohne Halsband und Leine arbeiten können. Der Stab allein wird genügen, dem Hund die Zeichen für seine Einsätze zu geben. Und wenn er erst einmal soweit ist, daß er mit Begeisterung auf das Faß springt und losrollt, brauchen Sie auch den Stock nicht mehr. Bacchus braucht das Faß nun nur noch zu Gesicht zu bekommen, und schon ist er bereit für seinen großen Auftritt. Nun ist die Zeit gekommen, das Faß in bunten Farben zu bemalen, und zwar so, daß sie besonders schön zur Geltung kommen, wenn es sich bewegt. Wenn Sie ihn auch noch groß herausputzen wollen, sorgen Sie dafür, daß Kostüm und Faß farblich gut zueinanderpassen. Der Zeitpunkt für die Zwölf-Länder-Tournee ist gekommen.

KISTEN ZIEHEN

In dieser interessanten Abwandlung des Tauziehens (Kapitel 17) wird Ihr Hund lernen, an einem Seil eine Kiste voranzuziehen. Überlegen Sie doch nur, was sie alles in diese Kiste hineintun könnten — einen Wurf Katzen, drei Enten, fünf Welpen, die Ersparnisse Ihres Lebens (in bar!). Ihr Hund hilft Ihnen, die Weihnachtsgeschenke ins Haus zu bringen, oder er schafft den Müll hinaus. Lassen Sie ihn Aufgaben übernehmen, um die alle anderen sich drücken — ihm macht das nichts aus, und die anderen werden begeistert sein.

Im Idealfalle hat er sowohl das Tauziehen als auch das Apportieren auf Kommando (Kapitel 2) gelernt. Sie bringen ihm den Trick auf zwei veschiedene Weisen bei, jede auf ein Kommando.

Beginnen Sie mit einem etwa eindreiviertel Meter langen Stück Wäscheleine. Knoten Sie die Enden zusammen, so daß Sie einen Ring haben. Kann Ihr Hund auf Kommando apportieren, so werfen Sie ihm den Ring zu und rufen NIMM! Tun Sie das drei- oder viermal hintereinander, und zwar mit Enthusiasmus und voller Lob, damit Skipper es gar nicht mehr abwarten kann, bis das Spiel weitergeht. Nun nehmen Sie einen leeren Karton, nicht viel höher als die Schulterhöhe des Hunds. Bohren Sie in der Mitte der Schmalseite ein Loch hinein. Stecken Sie das Seil mit seinem dem Knoten gegenüber-liegenden Ende durch das Loch, so daß Sie nun im Inneren des Kartons eine kleine Schleife haben. Schlingen Sie den Knoten durch diese Schleife und zurren Sie das Seil fest; der Knoten hängt vom Karton nach draußen. Nun können Sie Skipper losschicken, das Seil zu fassen. Gehen Sie mit ihm hinüber, damit er ihn nicht zu weit zerren muß, wenn er Ihnen *das Seil* bringt. Machen Sie ihm ordent-lich Mut. Vergrößern Sie den Abstand immer weiter, so daß Skipper den Karton immer weiter ziehen muß, um zu Ihnen und zu seinem Lob zu kommen. Wenn Sie die richtige Stimmung verbreiten, dann wird er Ihnen den Karton mit Begeisterung bringen. Vielleicht tut er Ihnen sogar den Gefallen und holt ihn aus eigenem Antrieb, damit Sie

mit ihm damit spielen. Er wird ihn durchs ganze Haus ziehen und versuchen, damit durch Engpässe zu kommen, für die er niemals bestimmt war. Je mehr Sie sich amüsieren, desto mehr wird Skipper mit seinem Schatz die Wohnung unsicher machen. Es macht nichts, wenn der Karton dabei umkippt — wir werden bald dafür sorgen, daß er besser im Gleichgewicht bleibt.

Wenn Ihr Hund kein Apportierhund ist oder Sie ihm diesen Trick vor dem Apportieren beibringen wollen, halten Sie das Seil und lassen ihn an dem Knoten ziehen. Die meisten Hunde werden sich auf dieses Tauzieh-Spiel einlassen, ohne daß man sie groß dazu auffordern muß. Wenn er erst einmal mit Begeisterung mit dem Seil spielt, können Sie den Karton daranbinden, und von nun an spielt er Tauziehen mit dem Karton. Beschweren Sie ihn nach und nach und, experimentieren Sie dabei mit verschiedenerlei Dingen. Wenn Sie im Herbst den Garten herrichten, kann Ihr Hund Kartons mit Blättern und abgeschnittenen Zweigen an die Straße bringen. Heutzutage ist es ja schon für sich genommen ein Kunststück, Hilfe im Haushalt zu finden, und wenn es dann auch noch ein so bezauberndes Geschöpf ist, werden Sie überall Aufsehen erregen. Und wenn Sie mit ihm auftreten, was könnte dann ein schöneres Finale sein als Skipper, der einen Karton mit braven kleinen Welpen oder bezaubernden Kätzchen von der Bühne zieht? Auch hier können Sie den Karton wieder bunt bemalen, Skipper kann ein Kostüm tragen, und Ihre Hundeshow wird lustiger und farbenfroher durch diesen Trick.

AUF DEN VORDERBEINEN GEHEN

Der folgende ist ein Klassiker unter den Zirkustricks, aber er ist auch einer der schwierigsten überhaupt. Es ist ein Trick ausschließlich für kleine Hunde — Sie werden gleich sehen warum.

Die Haltung ist hier das Entscheidende. Bei den ersten Versuchen halten Sie den Hund an den Hinterbeinen fest und schieben ihn vorwärts, wie beim Schubkarre-Spiel. Verharren Sie aber nicht zu lange in dieser Schubkarrenphase, denn Sie müssen die Beine nach und nach immer höher heben, damit die Muskeln der Vorderbeine gekräftigt werden und allmählich daran gewöhnt werden, immer höhere Gewichte zu tragen; die Hinterbeine hält er dabei eng am Körper. Sie müssen immer über dem Schwerpunkt des Hundes liegen, und dieser Schwerpunkt verändert sich, wenn er den Rücken krümmt, um die richtige Balance zu finden.

Sie helfen ihm also, die Hinterbeine über dem Rücken zu halten, und geben das Kommando GEH. Drücken Sie dabei sanft auf die Unterschenkel der Hinterbeine. Damit schubsen Sie ihn sanft vorwärts. Wenn er sich jedoch weigert zu gehen, drängen Sie nicht, sonst werfen Sie ihn um. Auch im Stehen lernt er schon, seinen Körper für diese Übung zu beherrschen, und kräftigt seine Muskeln. Haben Sie Geduld — es wird eine Weile dauern, bis er sich die Belastungen dieses Tricks gefallen läßt. Belohnen Sie ihn für seine Mühen mit sanftem Kraulen am Bauch, aber drücken Sie ihn nicht. Und sagen Sie ihm immer wieder, was für ein fabelhafter Hund er ist.

Wenn Ihr Hund dieses Kunststück beherrscht, darf er sich wirklich zu den Meistern unter den Dressurhunden zählen. Sie können beide stolz sein. Aber es ist ein weiter Weg bis dahin, Sie müssen geduldig und methodisch vorgehen. Überstürzen Sie nichts. Der einzige Moment, in dem es auf Schnelligkeit ankommt, ist der Augenblick, in dem Sie die Hinterbeine hochheben. In diese Position sollten Sie ihn so schnell wie möglich bringen; dann brauchen Sie Geduld, bis Ihr kleiner Hund die notwendige Kraft in den Armen hat, und das bedeutet kurze, doch tägliche Übungen. Am besten arbeiten Sie auf Augenhöhe, dann können Sie den Hund gut sehen und dafür sorgen, daß er immer die richtige Haltung hat. Und es erspart Ihnen eine Menge unangenehmer Bückerei. Und wenn Ihr Liebling ein Bernhardiner ist, Sie aber für Ihr Leben gern einen Hund hätten, der auf den Vorderbeinen läuft? Kein Problem! Besorgen Sie ihm einen Foxterrier als Spielgefährten.

IM ZICKZACK

Dieser Trick gehört fast immer zum Zirkus- oder Bühnenrepertoire, und wenn er erst einmal gelernt ist, bietet er schöne Möglichkeiten für originelle Abwandlungen. Im Zickzack gehen bedeutet für Ihren Hund, daß er einfach zwischen Ihren Beinen durchläuft — immer eins nach dem anderen —, während Sie ganz normal weitergehen. Wenn Sie diesen Trick mit Sidney vorführen, ist er zu Anfang in der

BEI FUSS-Position, und Sie müssen den ersten Schritt mit dem *rechten* Bein tun, sonst stolpern Sie über Sidney. Das wird auch verhindern, daß er durcheinandergerät, weil er denkt, er solle bei Fuß bleiben.

Sidney befindet sich also zu Ihrer Linken, mit Halsband und Leine versehen. Strecken Sie das rechte Bein so weit vor, wie Sie nur können, winkeln Sie die Knie an, damit Sid Platz hat, und halten Sie die Leine unter dem rechten Bein, damit Sie ihn unter dem Bein hindurch an Ihre rechte Seite führen können. Kommandieren Sie IM ZICKZACK, und helfen Sie mit einem leichten Ruck an der Leine nach, damit Sidney sich in Bewegung setzt. Wenn Sie eins sechzig groß sind und Sidney ist ein Irischer Wolfshund, werden Sie sich ein wenig recken müssen.

Während Sidney Ihr rechtes Bein passiert, machen Sie einen Schritt vorwärts mit dem linken und ziehen wiederum die Leine hindurch und Sidney nach. Fünfzehn Schritte pro Übungsstunde sollten genug sein. Anfangs wird Ihr Hund sich sträuben, doch je mehr Sie üben, desto mehr schwindet der Widerstand. Schließlich ist dieser hübsche Trick ja für ihn nicht mit viel Mühen verbunden. Wenn Sid erst einmal für etwa achtzig Prozent der Zeit auf Kurs bleibt, können Sie die Leine weglassen und ihn mit kleinen Käsestücken voranlocken. Machen Sie den ersten Schritt mit dem rechten Bein, sagen Sie IM ZICKZACK und halten Sie den Käse in Ihrer rechten Hand rechts vom Bein und führen damit Sidney unter dem ausgestreckten Bein hindurch. Der nächste Schritt kommt links, und Sie locken Sidney unter dem nächsten Bein-Bogen hindurch, indem Sie das nächste Stück Käse in die linke Hand nehmen. Von da an ist es einfach: rechts — links — rechts — links. Wenn Sid sich den Magen vollgeschlagen hat oder Ihnen die Beine wehtun, machen Sie Schluß.

Die Ausbildung ist abgeschlossen, wenn Sidney auch ohne Köder im Zickzack geht. Entwöhnen Sie ihn nach und nach von dem Käse, indem Sie ihm nun nur noch alle paar Schritte ein Stück geben. Denken Sie aber daran, daß er nicht ohne Belohnung arbeitet, und versichern Sie ihm am Ende immer ausgiebig, was für ein guter Hund er ist.

Sie werden staunen, wieviel Eindruck Sie mit ein paar Variationen dieses Tricks machen können. Wenn Sidney auf den Hinterbeinen gehen kann, lassen sich die beiden Nummern gut verbinden — vorausgesetzt, er ist nicht zu groß oder Sie haben sehr lange Beine. Wenn Sie auf den Händen gehen können, kann Sid zwischen Ihren Armen statt zwischen den Beinen hindurchspazieren, und Sie können ihm jedesmal, wenn er vorüberkommt, ein Küßchen geben. Sehr wirkungsvoll ist es auch, wenn Sie einen zweiten Hund haben und Sidney beibringen, zwischen dessen Beinen im Zickzack zu gehen. Der Hund muß groß sein, und er sollte stillstehen, wenn Sidney sich unter ihm hindurchschlängelt. Weitere Varianten überlassen wir ganz Ihrer Phantasie.

11
KURIOSE TRICKS

Sprechen, Zählen, Rechnen
Der Hund, der sich selbst ausführt
Der Hund, der einen anderen ausführt
Der lesende Hund
Such den Zehn-Euro-Schein!
Wo steckt das Marihuana?
Die richtige Nase

Vom einfachsten bis zum schwierigsten sind die Tricks dieses Kapitels durchweg Kunststücke, mit denen Sie allen die Schau stehlen. Die Zuschauer werden mit offenen Mündern dasitzen, und wenn Sie öffentlich damit auftreten, machen Sie sich auf rauschende Beifallsstürme gefaßt. Und das verbindende Element bei den kuriosen Tricks? Sie ahnen es schon — sie sind allesamt kurios.

SPRECHEN, ZÄHLEN, RECHNEN

Wenn Ihr Hund gelernt hat, auf Kommando zu bellen, können Sie einige der verblüffendsten, amüsantesten und übermütigsten Tricks mit ihm machen, die man sich überhaupt vorstellen kann. Manche Hunde lernen sogar aus eigenem Antrieb dazu, wenn sie erst einmal sprechen können. Ein kluger Hund merkt rasch, daß er plötzlich ein Mittel hat, sich mit Menschen zu verständigen — mit Hunden konnte er das ja schon immer. Von nun an wird er Ihnen mit eigener Stimme sagen, was er will. Er bellt, wenn er nach draußen will, er bellt, wenn seine Wasserschüssel leer ist, er macht auf alle möglichen Wünsche oder Bedürfnisse aufmerksam. Und wenn er es nicht von sich aus tut, können Sie ihn dazu erziehen, und ganz nebenbei bringen Sie ihm noch die schönsten Kunststücke bei. Und selbst Ihrer Sicherheit und Ihrem Schutz dient es, wenn er sprechen kann. Diesen Trick darf keiner auslassen!

Beobachten Sie Ihren Hund und merken Sie sich, was ihn zum Bellen bringt — jemand an der Tür, ein anderer Hund, mit dem er spielen möchte, der Postbote oder Müllmann, der Anblick des Mittagessens. Sehen Sie voraus, wann er bellen wird, und fordern Sie ihn zum Sprechen auf, wenn er ohnehin kurz davor ist, es zu tun. Kommandieren Sie SPRICH, und loben Sie ihn, wenn er bellt. Haben Sie Geduld, und wenden Sie diese sanfte Erziehungsmethode mehrfach täglich und einige Wochen lang an.

Als nächstes halten Sie ihm einen Bissen vor die Nase. Bringen

Lassen Sie ihn die Finger zu Hilfe nehmen, wenn es sein muß.

Sie ihn ordentlich in Fahrt. »Na, willst du den haben? Willst du den schönen Hundekuchen? Ja? Dann SPRICH!« Wenn er bellt, bekommt er seine Belohnung. Wenn er einigermaßen regelmäßig bellt, um sein Essen zu bekommen, gehen Sie zu einem Handzeichen über. Benutzen Sie nach wie vor das Essen als Köder, und bringen Sie ihm bei, auf einen Fingerzeig oder ein Schnippen zu antworten.

Wenn es Ihnen nicht gelingt, Ihren Hund durch gezieltes Vorahnen oder Ködern mit Nahrung zum Bellen auf Kommando zu bringen, versuchen Sie es mit einer der beiden härteren Methoden: Sperren Sie ihn ein, aber so, daß er Sie noch sehen kann, und liebkosen Sie einen anderen Hund, oder binden Sie ihn zur Essenszeit mit kurzer Leine an, und stellen Sie seinen gefüllten Napf so auf, daß er nicht herankommt. In beiden Fällen fordern Sie ihn auf zu sprechen und belohnen ihn, wenn er es tut.

Es kommt vor, daß man einen Hund zum Niesen bringt, wenn man ihm das Sprechen beibringen will. Wenn Sie Ihre Chance verpaßt haben, rechtzeitig in gewinnbringende Aktien zu investieren, lassen Sie sich wenigstens diese Gelegenheit nicht entgehen. Bringen Sie ihm NIES (siehe Kapitel 17) als erstes bei.

Wenn Ihr Hund erst einmal auf Kommando oder Handzeichen spricht, wechseln Sie Sitzungen mit und ohne Belohnung ab, damit er nicht von der Belohnung durch Leckerbissen abhängig wird. Hunde sind einfache Gemüter, und wenn etwas zu essen zu sehen ist, sind sie mit ihren Gedanken hauptsächlich damit beschäftigt und nicht mit dem, was sie lernen sollen. Es ist eine gute Hilfe, dem Hund mit einem

Leckerbissen den Anstoß zum Lernen zu geben, aber Sie sollten es immer bleiben lassen, sobald es geht. Ein Hund, der etwas tut, weil er die Anerkennung genießt, wird es irgendwann auch aus Liebe zur Sache tun; ein Hund, der es nur für die Belohnung tut, kommt darüber nie hinaus.

Nun sind Sie soweit, daß Sie den Trick ausbauen können. Sorgen Sie dafür, daß Ihr Hund in der Stellung SITZ auf alle Formen der Aufforderung hin spricht: Belohnung, Kommando, Handzeichen, jede Kombination aus den dreien. Auf diese Weise haben Sie das Maximum an Flexibilität, wenn Sie seine Kenntnisse für einen lustigen Auftritt nutzen wollen. Stellen Sie Ihrem Hund eine Frage, die sich mit einer Zahl beantworten läßt: SAG, wie alt bin ich? (Aber vorsichtig, er sagt die Wahrheit!) Wie spät haben wir? Wieviele Bundesländer hat Deutschland? (Dazu brauchen Sie Geduld.) Wie viele Jahre amtiert der Bundeskanzler? Wie viele Beine hat eine Kuh? Geben Sie ihm das Handzeichen, daß er loslegen soll, aber so unauffällig, daß nur er es sieht und nicht Ihr gebanntes Publikum. Wenn er nicht mitkommt und Sie auf der Bühne stehen, können Sie ihn immer noch anfeuern: »Nun komm schon. SPRICH! Wieviele Beine hat eine Kuh?«

Showtalent

An dieser Stelle sollten wir Sie warnen, daß es *Ihre* Aufgabe ist, dafür zu sorgen, daß der Hund gut dasteht. Schließlich sorgt er ja auch dafür, daß Sie mit ihm gut dastehen. Was, wenn er es verpatzt? Wenn er überhaupt nicht bellt oder die falsche Antwort gibt? Er kann das nicht überspielen, aber Sie schon. Ihr Showtalent muß dafür sorgen, daß der Trick trotzdem gut ankommt. Wenn er undeutlich bellt oder die falsche Zahl gibt, ermahnen Sie ihn, deutlich zu sprechen, oder lassen ihn noch einmal von vorn beginnen. Sie müssen ihn notfalls auch tadeln — nur auf eine Weise, die das Publikum nicht bemerkt. Überspielen Sie Fehler, die er macht — schließlich ist er Ihr Kumpel. »Hast du etwa heute nicht auf den Kalender gesehen?« »Da bist du aber nicht mehr ganz auf der Höhe der Zeit. Was ist mit Alaska und Hawaii?« »Und was ist mit meinen letzten beiden Geburtstagen, Witzbold?« Erst mit Ihren Kommentaren rückt dieser Trick in das Rampenlicht, das er verdient.

Wenn Ihr Hund erst einmal gut antworten kann, lassen Sie ihn rechnen. »Wieviel macht zwei und fünf?« fragen Sie und blicken ihm dabei fest ins Auge. Wenn er die korrekte Antwort gebellt hat (sieben; frischen Sie vorher Ihre Kenntnisse im Kopfrechnen auf — wenn Sie sich verrechnen, ist es um Sie geschehen), sehen Sie weg, warten eine Sekunde lang und loben ihn dann. Nur ein Profi wird den Trick im Trick bemerken, und Grenzen sind Ihnen nur durch Ihre eigene Phantasie gesetzt. Wenn Sie auf der Bühne stehen, schließen Sie mit einem Gag ab. Fragen Sie ihn zum Beispiel »Wie alt bin ich?« und bringen Sie den Hund dann zum Schweigen, bevor er die erschütternde Wahrheit herausgebellt hat, indem Sie *den Blickkontakt abbrechen* und sagen: »Oh, ich sehe gerade, unsere Zeit ist um.«

DER HUND, DER SICH SELBST AUSFÜHRT

Das hört sich an wie der erfüllte Traum eines jeden Hundebesitzers. Man macht die Tür auf, und Lämmchen geht auf ihren Spaziergang. Vielleicht bringt sie auf dem Rückweg Brötchen und die Morgenzeitung mit. Das wär doch was? Nein, tut uns leid. Ein nützlicher Trick ist das nicht. Nur ein ausgesprochen süßer.

Inzwischen wird Lämmchen ja nun endlich das Apportieren gelernt haben, denn Sie haben längst gemerkt, wie viele umwerfende Tricks das Apportierenkönnen voraussetzen. Sie wird also nichts dagegen haben, etwas im Fang zu halten. Legen Sie ihr Halsband und Leine an, falten Sie die Leine hübsch zusammen und sagen Sie LÄMMCHEN, NIMM. Stecken Sie ihr die gefaltete Leine (um die Sie ein Gummiband gespannt haben, damit sie nicht aufgeht) zwischen die Zähne. Als nächstes heißt es LÄMMCHEN, BEI FUSS. Nun ist alles nur noch eine Frage der Übung. Selbst der beste Apportierhund wird das Bündel vielleicht anfangs ausspucken. Versuchen Sie es noch einmal. Loben Sie Lämmchen. Lassen Sie sie weiter BEI FUSS. Sagen Sie GIB, und nehmen Sie die Leine zurück. Zählen Sie bis fünf. Und wieder von vorn.

Wenn Ihnen das nicht putzig genug ist (Sie sind aber wirklich ganz schön anspruchsvoll!), ziehen Sie die Leine durch Ihren Gürtel und reichen Lämmchen die Schlaufe (NIMM!), und nun lassen *Sie* sich von *ihr* spazierenführen!

DER HUND,
DER EINEN ANDEREN AUSFÜHRT

Es ist eine Tortur, frühmorgens aufzustehen, sich anzuziehen und dann mit Ihrem Irischen Wasserspaniel Jack Daniels hinaus in den Schnee zu stapfen. Besorgen Sie ihm einfach eine Gefährtin, einen zweiten Wasserspaniel namens Jill Daniels. Von nun an führt Jill jeden Morgen Jack zu seinem Spaziergang aus, und Sie bleiben in den Federn. Ein hübscher Traum — aber auch hier hält unser schöner Trick nicht ganz, was Sie sich von ihm erhoffen. Wenn Sie nicht für die beiden Ihren Garten einzäunen wollen oder eine sehr treusorgende Ehefrau haben, werden Sie immer noch selbst mit Jack und Jill Gassi gehen müssen.

Aber wenn Sie Sinn für Albernheiten haben, können Sie zusehen, wie Jack und Jill sich gegenseitig ausführen. Da Sie Jack unter beträchtlichen Mühen das Apportieren beigebracht haben, kann er nun einfach Jills Leine nehmen und sie schön gespannt halten. Was für ein Paar — was für ein Anblick — was für ein Foto!

Wie wird es gemacht? Zuerst bringen Sie Jack und Jill bei, gemeinsam BEI FUSS zu gehen, beide auf Ihrer linken Seite. Beide haben ihr Gehorsamstraining absolviert, und es sollte keine große Mühe sein. Lassen Sie Jack außen gehen, wie es sich für einen Gentleman gehört. Man kann eine Vorrichtung kaufen, mit der beide Halsbänder an einer Leine befestigt werden. Oder Sie ziehen die Leine einfach durch den Ring bei Jills Handband und haken sie bei Jack ein. Anfangs können Sie auch mit zwei Leinen arbeiten, was Ihnen die Möglichkeit gibt, beide unabhängig zu führen. Nun üben Sie es, mit den beiden nebeneinander BEI FUSS zu gehen — schon für sich keine schlechte Dressurnummer. Sie werden Komplimente zuhauf dafür ernten. Loben Sie sowohl den inneren als auch den äußeren Hund, wenn die beiden sich selbständig setzen. Wenn das zur Zufriedenheit klappt, können Sie Jack Jills Leine zum Halten geben und kommandieren HUNDE, BEI FUSS. Nun werden Ihre zwei Lieblinge gemeinsam BEI FUSS bleiben, und Sie haben beide Hände frei.

Wie immer können Sie auch diesen Trick noch ausschmücken. Jack kann die Leine halten, während Jill in die Positionen SITZ, STEH und PLATZ geht. Sie müssen zwar immer noch dabeisein, um die Kommandos zu geben, aber den Spaß würden Sie ja ohnehin nicht versäumen wollen. Wenn die Hunde schon andere Kunststücke können, verbinden Sie sie. Geben sie Jill zur Abwechslung die Leine, und tragen Sie ihr auf, Jack »zu Mami« zu führen. Es wird vielleicht ein bißchen dauern, aber die beiden werden schon ankommen. Wir sind einmal mit unserem Golden Retriever ins Kaufhaus Bloomingdale gekommen und stießen dort auf einen dressierten Schimpansen. Der Schimpanse schnappte sich Goldies Leine und führte sie spazieren. Auch Ihr Hund hat ja zweifellos gelernt, daß derjenige an der Leine der Boß ist. Und wenn ein Schimpanse ihn führen kann, warum dann nicht ein anderer Hund? Das mag kein voller Ausgleich für das frühe Aufstehen sein, aber es macht doch eine Menge Spaß. (Wenn Sie ganz groß herauskommen wollen und sich als nächstes einen Schimpansen für Ihren Hund zulegen, sollte er aber mindestens Rollschuh fahren können. Unser Freund konnte es.)

DER LESENDE HUND

In alten Hundebüchern wird leichtgläubigen Lesern oft weisgemacht, sie könnten ihren Vierbeinern das Lesen beibringen. Es werden Karten gebastelt, wie es sie auch in der Grundschule zum Lesenlernen gibt. Auf einer steht zum Beispiel *Knochen*, auf einer anderen *Wasser*. Ihr Hund soll die Karten lesen, und wenn ihm nach seinem Knochen zumute ist, soll er die Karte *Knochen* ziehen und sie Ihnen bringen und so weiter. Oder Sie fragen: BOSCO, WIE WÄR'S MIT EINEM KNOCHEN?, und er kommt mit der Karte *Knochen*. Kann denn nun Ihr braver Hund tatsächlich lesen lernen? Erwarten Sie nicht zuviel. Aber wenn Sie Ihre Freunde unterhalten und Schule spielen wollen, dann sollte Bosco es können.

Stellen Sie ein paar Karten her — *Knochen*, *Käse*, *Spaziergang*, *Leckerbissen*. Bringen Sie ihm bei, die Karten zu erkennen, eine pro Sitzung (wir sagen ausdrücklich Karten, nicht Wörter). Dazu reiben Sie jede mit einem speziellen Duft ein, mit dessen Hilfe Bosco sie mit der Belohnung, die er dafür bekommt, verbinden und somit »lesen« kann. Halten Sie die Karten immer getrennt und gehen Sie sorgsam damit um. Die Karte *Knochen* präparieren Sie mit einem hübschen fettigen Suppenknochen. Sehen Sie zu, daß Sie Pappe in einer Farbe finden, in der man die Flecken nicht sieht. Oder legen Sie die Flecken

Ernsthaft, kultiviert, gebildet.

dem armen Bosco zur Last. Die Karte *Käse* imprägnieren Sie mit Käseduft. Denken Sie daran, daß Ihr Hund eine viel feinere Nase hat als Sie — man muß die Karten nicht durchs ganze Haus riechen. *Leckerbissen* bekommt den Duft von etwas, was er besonders mag — Kartoffelchips, Schokolade, Pizza. (Und Sie sollten sich schämen! Wieso geben Sie Ihrem armen Hund soviel ungesundes Zeug?) Die Duftnote für *Spaziergang* überlassen wir Ihrer Phantasie. Motoröl, Fichtennadeln, alte Socken — alles, was er eben mit einem Spaziergang assoziiert. Jede Karte braucht ihre eigene Ablage, denn wenn sie aufeinanderliegen, durchmischen sich die Düfte. Nun bringen Sie, eins nach dem anderen, dem Hund das Wort bei, das zu jedem Geruch gehört. Wenn er Ihnen die Karte bringen soll und nicht einfach nur zu ihr hingehen, muß er natürlich apportieren können.

Für die weitere Arbeit gibt es verschiedene Möglichkeiten. Die einfachste wäre, den Trick als eine Variante von SUCH! (Kapitel 3) aufzufassen. Lassen Sie Bosco an einem Stück Käse schnuppern. Sagen Sie BOSCO, SUCH DEN KÄSE. WILLST DU EIN STÜCK KÄSE? etc. Feuern Sie ihn an. Wenn er die richtige Karte herausgeschnüffelt hat, loben Sie ihn und fordern ihn auf: NIMM. Als nächstes rufen Sie ihn zu sich zurück. Nehmen Sie die Karte entgegen, loben Sie ihn, geben Sie ihm ein Stück Käse, und schärfen Sie ihm dazu K-Ä-S-E noch einmal ein. Bei soviel Motivation sollte es nicht mehr lange dauern, bis er im Lesen eine Eins bekommt.

Schon bald werden Sie alle vier Karten nebeneinanderlegen können, und auf eine gutgestellte Frage wird er Ihnen die richtige bringen. Inzwischen ist die Gedankenverbindung zwischen den Gerüchen und den neugelernten Wörtern hergestellt. BOSCO, WAS PASST GUT ZU SCHINKEN? Und schon kommt die Käse-Karte hervor. Sie haben ihm einfach beigebracht, sie auch auf das Stichwort »Schinken« zu holen. Mit dem richtigen Training können Sie ungeahnte Effekte erzielen. Fragen Sie: BOSCO, WAS MACHEN WIR, WENN DAS AUTO NICHT LÄUFT?, und er bringt Ihnen die Karte *Spazierengehen*. Wenn Sie schon albern sind, dann auch richtig.

Und wenn wir ihm nun unrecht getan haben und er doch wirklich lesen lernt? Tja, *c'est la vie*. Dann soll er uns aber wenigstens einen Brief schreiben. Wenn Ihr Hund klug genug ist, das Lesen zu lernen, wird er ja wohl auch schreiben lernen können — oder zumindest diktieren.

SUCH DEN ZEHN-EURO-SCHEIN!

Wenn Sie jetzt hoffen, daß wir Ihnen erklären, wie Sie Ihre kleine Hera auf einen Spaziergang schicken, und sie kommt mit einem Zehn-Euro-Schein zurück, dann müssen wir sie leider enttäuschen. *Den* Trick wüßten wir auch gerne. Aber wir können Ihnen statt dessen einen anderen zeigen, der Ihnen sicher Spaß machen wird. Früher hat man es mit einem Pfennig und einem Groschen gemacht, aber heute sind es jetzt ein Eurostück und ein Zehn-Euro-Schein. Heras Aufgabe wird es sein, zu raten, wo der Schein steckt.

(Hera ist eine Hündin, die Klasse hat. Wieso sollte sie sich mit dem Eurostück abgeben?)

Lassen Sie sich das nötige Bargeld aus dem Publikum geben. Ein guter Zauberkünstler riskiert nicht seine eigene Barschaft bei einem Trick — man weiß schließlich nie. Als nächstes finden Sie einen Freiwilligen, der das Geld in die Hände nimmt, den Schein in die eine, die Münze in die andere Hand. Sie und Hera dürfen nicht sehen, was in welche Hand kommt. Nun fordern Sie den Freiwilligen auf, zuerst das, was er in der rechten Hand hat, in Gedanken mit vier und dann das in der linken Hand mit fünf malzunehmen. Lassen Sie sich die Summe der beiden Zahlen sagen und verkünden Sie dann, daß Hera dreimal bellen wird, wenn die Münze in der rechten Hand ist, und fünfmal, wenn sie in der linken Hand ist. Natürlich geben Sie Hera Zeichen, damit sie nicht falsch bellt. Vielleicht bekommt sie ja den Zehner als Belohnung!

Der Trick ist einfach: Wenn die Antwort eine gerade Zahl ist, ist das Eurostück in der rechten Hand; ist sie ungerade, ist es in der linken. Sprechen Sie bei Heras Bellen nicht von geraden oder ungeraden Zahlen, sonst kommt vielleicht jemand hinter das Geheimnis.

Was tun Sie aber nun, wenn das Publikum nach mehr brüllt? Suchen Sie sich einen zweiten Freiwilligen, der den Betrag in seiner rechten Hand mit vier, sechs oder acht malnimmt, den in der linken mit drei, fünf oder sieben. Wenn die Summe, die er Ihnen nennt, eine gerade Zahl ist, dann ist das Eurostück in seiner rechten Hand, ist es eine ungerade Zahl, dann ist es in der linken Hand. Damit Ihnen

keiner auf die Schliche kommt, »raten« Sie diesmal, wo der Zehner
ist. Als nächstes nehmen Sie ein Ein- und ein Zwei-Euro-Stück.
Fordern Sie den Freiwilligen auf, die Münze in seiner linken Hand
mit vierzehn zu multiplizieren, und dann lassen Sie ihn den Betrag in
der anderen Hand — darauf wären Sie nie gekommen — ebenfalls
mit vierzehn malnehmen. Beobachten Sie ihn genau; da, wo er einen
Moment lang innehält, weil er erst rechnen muß, ist der Zweier; mit
eins zu multiplizieren ist ja keine Kunst. Daß Sie ihn nun trotzdem
nach der Summe fragen, ist nur noch Show. Damit das Publikum das
Gefühl hat, daß auch alles mit rechten Dingen zugeht, lassen Sie Hera
immer dreimal für die rechte und fünfmal für die linke Hand bellen.
Wenn möglich, sollten Sie sogar eine Tafel haben, an der Sie diesen
»Code« zu Anfang der Vorstellung anschreiben. Das Publikum muß
immer den Eindruck behalten, daß es der Hund ist, der die Antwort
gibt, sonst verliert der Trick seinen Reiz. *Sie* stehen natürlich gut da,
aber hier geht es schließlich um Ihren dressierten Hund!

WO STECKT DAS MARIHUANA?

Dieser Trick ist ganz auf der Höhe der Zeit, denn schließlich nimmt
der Drogenkonsum allerorten zu. Ob Sie nun der Polizei im Kampf
gegen den internationalen Drogenhandel unter die Arme greifen
wollen, ob es Ihnen einfach Spaß macht zu sehen, wie Ihr Drogenhund Popeye schnüffelt, oder ob womöglich sogar schnöde Geldgier
dahintersteckt — machen Sie sich zuerst über die Rechtslage sach-

kundig. Die Bestimmungen über »weiche« Drogen sind von Land zu Land sehr unterschiedlich, und kein Richter wird Ihnen glauben, daß Sie das Marihuana nur besorgt haben, um Ihrem Hund einen Trick beizubringen. Andererseits ist es mancherorts sogar möglich, sich für solche Erziehungszwecke Marihuana von der Polizei zu »borgen«; der Stoff (der von ertappten Händlern oder Besitzern konfisziert ist) wird beim Abholen und bei der Rückgabe gewogen. Doch ist die richterliche Erlaubnis, die Sie dafür vorlegen müssen, nicht leicht zu erhalten. Wie kommen Sie also an das notwendige Arbeitsmaterial? Gehen Sie dem netten Dealer, den Sie vielleicht schon im Viertel gesehen haben, lieber aus dem Weg. Irgend jemanden, der hascht, kennt doch jeder — obwohl er vielleicht nicht weiß, daß er jemanden kennt, der hascht. Auch wenn Sie Pot, Grass, Heu, Shit oder Tee nicht auf diesem Wege durch vorsichtiges Nachfragen bekommen können, sollte es nicht lange dauern, bis Sie und Popeye an die Arbeit gehen können.

DIE RICHTIGE NASE

Wir schicken Menschen auf den Mond, aber bisher hat noch niemand ein Gerät ersonnen, mit dem sich der Geruchssinn eines Hundes messen ließe. Unsere eigene olfaktorische Ausstattung ist im Vergleich zur Nase eines Hundes jämmerlich. Diese Fähigkeit, auch die schwächsten Gerüche noch zu erschnüffeln, macht den Hund zum idealen

Marihuana-Detektiv. Lassen Sie sich einmal folgende Fakten um die Nase wehen:

Hunde riechen einen Menschen noch in zweihundert Metern Entfernung.

Hunde bemerken Salz, selbst wenn es hunderttausendfach verdünnt ist.

Hunde können eineiige Zwillinge am Geruch unterscheiden, riechen aber auch, daß sie zusammengehören.

Hunde riechen einen Vogel in 75 Metern Entfernung.

Hunde bemerken Schwefelsäure, die 1 : 1 000 000 verdünnt ist.

Hunde können bei ein- und derselben Person die Körperteile am Geruch unterscheiden.

Hunde riechen jeden Geruch — es ist unmöglich, einen Geruch durch einen zweiten zu verbergen.

Hunde riechen auch, was in »luftdichten« Gefäßen steckt.

Diese Dinge kann man zwar nicht durch wissenschaftliche Messungen nachweisen, aber daß man ihnen beibringen kann, all diese Dinge tatsächlich zu tun, ist der beste Beweis.

Die vier Trainingsmethoden

1. FREIWILLIGES APPORTIEREN Bei einem Hund, der von sich aus apportiert, ist die Motivation leicht zu wecken, und entsprechend mühelos wird er sich erziehen lassen. Die U. S.-Behörden verwenden nur Apportierhunde als Drogenhunde.

2. APPORTIEREN UNTER ZWANG Solche Hunde sind verläßlicher, die Ausbildung ist jedoch wesentlich härter. Die beiden ersten Methoden sind in Kapitel 2 (»Auf Kommando apportieren«) beschrieben.

3. AUFHETZEN Bei dieser Methode wird der Hund zuerst dazu erzogen, auf Befehl anzugreifen. Dann wird er von einem Mann aufgehetzt, dessen Kleider ständig Marihuanageruch verbreiten, und auch in den Sack, in den er beißt, ist die Droge geflochten. Ein von Natur aus aggressiver Hund, dem das Zubeißen Befriedigung gibt, wird auf diese Weise zu einem aufmerksamen, gut motivierten Drogenhund. Trotzdem ließe sich eine solche Ausbildung allenfalls im militärischen Kontext rechtfertigen. Diese Hunde sind äußerst aggressiv. Man läßt das Gehorsamstraining schleifen, weil sie ganz von dem Trieb, das Marihuana zu finden, beherrscht sein sollen. Nur im militärischen Bereich, wo es immer eine Beaufsichtigung gibt, wäre ein solcher Hund zu rechtfertigen. Für Zivilisten wäre er eine Gefahr.

4. BELOHNUNG DURCH NAHRUNG Diese Methode eignet sich für die Ausbildung eines Drogenhundes weniger gut. Anfangs werden kleine Käsebissen oben auf das Marihuana gelegt. Der Käse lockt den Hund an, und zunächst darf er ihn fressen. In der nächsten Trainingsstufe muß er Marihuana und Käse ausfindig machen und sich zunächst setzen, bevor er den Käse holen darf. In der dritten Stufe nimmt der Dresseur den Käse und gibt ihn ihm. Dieses Verfahren führt zu einer unverwechselbaren Art, den Fund anzuzeigen: Der Hund setzt sich

und wendet den Kopf leicht aufgerichtet dem Führer zu, von dem er seine Belohnung erwartet. Das ist zwar immer eindeutig, doch ist es schwer, dem Hund echten Enthusiasmus anzuerziehen. Hunde, die nach dieser Methode trainiert sind, kommen nur zum Einsatz, wo ein Sprengsatz unter dem Marihuana vermutet wird. Sprengstoffhunde werden nach einem ähnlichen Verfahren ausgebildet.

Umgang mit dem Marihuana und Ausbildung des Hundes

Sie brauchen ein ganzes Pfund Grass, wenn Sie wirklich einen guten Marihuanahund heranziehen wollen. Wenn der »Trick« nur zur Unterhaltung dienen soll, geht es auch mit weniger, doch bei einer längeren Ausbildung können Sie nicht immer wieder denselben Stoff verwenden — es nimmt vertraute Gerüche an, und der Hund reagiert darauf und nicht auf das Marihuana. Sie brauchen bei der Ausbildung immer wieder neue Portionen in neuen Behältnissen. Wie präzise und sorgsam Sie erziehen, hängt davon ab, was Sie damit anfangen wollen.

Beginnen Sie mit 50 Gramm, die Sie in einer alten, allerdings frisch gewaschenen Socke verstecken. Knoten Sie die Socke oben zu, damit der Stoff nicht herausfällt — obwohl natürlich ein kleinwenig durch das Gewebe rieseln wird. Werfen Sie die Socke in die Luft, um Popeyes Aufmerksamkeit zu erregen. Bei dieser Aufgabe ist Motivation alles. Nun werfen Sie ihm die Socke zu, damit er sie auffängt oder holt. In diesem Stadium braucht er sie nicht zurückzubringen; es geht ja nur darum, sein Interesse an dem Marihuana zu wecken, und er muß nicht schulbuchmäßig apportieren. Arbeiten Sie mit Popeye zunächst nur in kurzen Sitzungen — dreimal hintereinander reicht, es sei denn, er will von sich aus mehr. Machen Sie ein Spiel daraus — wir wollen, daß Popeye Luftsprünge macht, wenn er die Socke auch nur sieht. Sobald er das Interesse verliert, hören Sie auf.

Zeit zum Spielen! Werfen Sie die Socke, und fordern Sie Popeye auf: SUCH DAS GRASS! Wenn er es Ihnen bringt, loben Sie ihn herzlich. Es macht nichts, wenn er seinen Fund nicht gleich wieder hergeben will; lassen Sie ihn gewähren — er soll Spaß an dem Spiel haben. Geben Sie seiner Nase etwas zu tun. Wenn er noch Nachhilfe braucht, finden Sie alles Notwendige in Kapitel 2 (»Auf Kommando apportieren«) und 3 (»Such!«). Aber bei Ihnen beiden läuft es ja schon prima! Popeye will die Socke, er will das Spiel und das Lob, das er dafür bekommt. Und Sie wollen einen Hund, der Ihnen hilft, Marihuana zu finden. Als nächstes verstecken Sie die Socke und lassen Popeye danach suchen. Machen Sie es ihm nicht zu schwer; schließlich wollen Sie ja, daß er es findet. Im Laufe der Zeit, wenn er geschickter und immer eifriger wird, erhöhen Sie den Schwierigkeits- grad. Als erstes verstecken Sie die Socke so, daß noch ein Zipfel da- von zu sehen ist. Beim nächsten Versuch darf er die Augen schon nicht mehr zu Hilfe nehmen, und Sie verstecken die Socke unter einem Sofakissen. Machen Sie sich keine Sorgen, wenn er eine Weile braucht — solange er nicht das Interesse verliert, ist alles in Ordnung.

Jetzt wo Popeye die Sache mit der Socke beherrscht, machen Sie es ihm wieder ein Stückchen schwerer. Kaufen Sie ein paar verschließbare Plastiktüten für die Küche (»damit die Frische drinnen bleibt«), stecken Sie 50 Gramm frisches Marihuana in eine solche Tüte, und lassen Sie es über Nacht im Versteck. Gleich als erstes am folgenden Morgen lassen Sie Popeye danach suchen. Er sollte es ohne weiteres finden — was Ihnen auch einiges über luftdichte Tüten verrät.

Wenn Popeye das Marihuana ein paarmal apportiert hat, wird die Tüte wahrscheinlich Löcher haben; stülpen Sie einfach eine neue über die alte und fügen Sie jedesmal eine weitere hinzu, wenn die vorherige löcherig wird. Daß Sie die Tüte über Nacht in ihrem Versteck lassen, macht Popeye die Arbeit wesentlich leichter. Er soll Erfolg haben, und Sie helfen ihm dabei. Aber nach und nach müssen Sie ihn schon mit mehr Schwierigkeiten konfrontieren. Loben Sie ihn immer für einen Fund, und beenden Sie auf gar keinen Fall eine Übungsstunde mit einem Mißerfolg; verlängern Sie die Sitzungen zunehmend, und verringern Sie dabei die Menge an Grass. Damit er nicht mit einem Mißerfolg abschließt, führen Sie ihn in einem solchen Fall an die Stelle, an der er das Marihuana riechen kann. Tun Sie das aber nur, wenn Sie den Eindruck haben, daß er jeden Moment aufgibt. In allen anderen Fällen ist es eine Frage der Geduld.

Popeye sollte sein Marihuana in vielen verschiedenen Behältern finden, denn man weiß schließlich nie, wo es versteckt sein wird. Metallschachteln für Heftpflaster und Filmdosen sind beliebte Marihuanaverstecke. Wenn Popeye in einem solchen Behältnis etwas finden soll, müssen Sie es eine Weile stehenlassen, damit der Geruch herauskommt. Wenn er es gleich *findet*, dann bedeutet das wahrscheinlich nur, daß Sie beim Füllen achtlos waren und außen an dem Gefäß noch Marihuana klebt. Beim ersten Versuch mit einem luftdichten Gefäß lassen Sie es vorher vierundzwanzig Stunden stehen. Ein schon recht guter Drogenhund findet das Marihuana nach etwa sechs Stunden — wenn Sie Ihren Popeye auf diesen Standard bringen, können Sie stolz auf ihn sein.

Wenn es Ihnen beiden Spaß macht, dann werden Sie bald leere Taschen haben, soviel Grass müssen Sie kaufen.

Drogenhunde müssen systematisch suchen. Sie und Ihr Hund müssen einen Raum in logische Bereiche einteilen, damit Sie ihn durchkämmen können, ohne etwas auszulassen. Als erstes gehen Sie entlang der Wände und arbeiten sich dann zur Mitte des Raumes vor. Versuchen Sie es jetzt mit einem flachen Lederhalsband und nehmen Sie ihn an die Leine; fordern Sie ihn halb flüsternd, mit verschwörerischer Stimme auf: SUCH DAS GRASS — WO STECKT DAS GRASS? Nun können Sie Popeye bei seiner Suche führen. Lassen Sie keinen Bereich aus, der als Versteck in Frage käme.

Sobald Ihr Hund die Suche in Räumen beherrscht, lassen Sie ihn auch an Personen suchen. Verstecken Sie das Marihuana in der Nähe einer Person, in Taschen, Kleidung etc.

Seit der ersten Übungsstunde ist noch gar nicht viel Zeit vergangen, aber schon jetzt fahndet Popeye so zielstrebig nach seinem Pot wie der eifrigste »User«. Popeye ist reif für den Einsatz.

12
ZAUBER- UND KARTENTRICKS

Die Karte im Taschentuch
Unter welchem Töpfchen steckt es?
Magie der Zahlen
Die verlorene Ziffer

Seit uralten Zeiten sind Zaubertricks etwas für Kinder jeglichen Alters. Beim Kaninchen, das aus dem Hut springt, oder bei einem rasanten Kartentrick bekommt auch Großvater wieder leuchtende Kinderaugen. Ob Hunde sich denn wirklich als Zauberkünstler eignen? Darauf können Sie Gift nehmen! Die Pfote ist schneller als das Auge, und ob Sie es nun glauben oder nicht — Ihr Hund hat *tatsächlich* ein As im Ärmel.

DIE KARTE IM TASCHENTUCH

Der folgende Trick ist einfach und läßt sich mit einem Minimum an Übung erlernen, *wenn Ihr Hund erst einmal das Apportieren beherrscht*. Halten Sie Ihrem Publikum ein aufgefächertes Kartenspiel hin, und lassen Sie einen Freiwilligen eine Karte ziehen. »Aber ich darf sie nicht sehen. Und geben Sie acht, daß der Hund sie nicht sieht!« Das bringt noch eine zusätzliche humoristische Note hinein, gerade wenn der Hund vielleicht eben angetrottet kommt. Der Betreffende wird alles tun, um zu verhindern, daß der Hund die Karte sieht. Lassen Sie sich nun die Karte zurückgeben, stecken Sie sie wieder ins Spiel und mischen Sie. Reichen Sie als nächstes demjenigen, der die Karte gezogen hat, ein großes Taschentuch und fordern Sie ihn auf, es Ihnen über beide Hände zu legen, deren eine nach wie vor das Kartenspiel hält. Nun rufen Sie MERLIN, NIMM DAS TASCHENTUCH!

Unter dem Tuch bekommt Merlin, unbemerkt vom Publikum, ein wenig Hilfe von seinem besten Freund. Sie arbeiten mit gezinkten Karten — mit einem speziellen Kartenspiel, das man in Zauberer- und Scherzartikelläden kaufen kann. Diese Karten sind nicht ganz rechteckig, sondern verjüngen sich kaum sichtbar zu einer Seite hin. Nachdem der Freiwillige aus dem Publikum eine Karte genommen hat, schieben Sie das aufgefächerte Spiel wieder zusammen und drehen es um 180 Grad. Wenn Sie die gezogene Karte wieder hinzustecken, wird sie die einzige sein, deren abgeschrägte Seite in die andere Richtung zeigt. Sobald Ihre Hände unter dem Tuch verborgen sind, fahren Sie mit Daumen und Zeigefinger an den Seiten des Stapels entlang und ziehen die eine heraus, die anders liegt. Diese halten Sie dem Hund nun im Taschentuch hin.

In den ersten Übungsstunden wird Ihr Hund wahrscheinlich verwirrt sein. Sagen Sie noch einmal NIMM, und halten Sie ihm das Taschentuch direkt vor die Nase. Merlin wird es weitaus leichter annehmen, wenn er schon vorher für Sie Taschentücher, Schals und andere Textilien apportiert hat. Wenn Merlin das Tuch genommen hat (in dem, unbemerkt von den Zuschauern, die richtige Karte steckt), schicken Sie ihn damit zu der hübschen Dame, die sie ausgesucht hat (siehe dazu »eine Botschaft überbringen« in Kapitel 3). Es sieht aus, als bringe er ihr nur das Tuch, und *voilà!*, hervor kommt die Karte, die sie gezogen hatte.

UNTER WELCHEM TÖPFCHEN STECKT ES?

Das Muschelspiel, ein Klassiker des Trickbetrugs, macht sich immer gut bei einem unschuldigen Hund.

Man nimmt einen Gegenstand, zum Beispiel einen Hundekuchen, und drei Plastiktassen oder kleine Plastik-Blumentöpfe. Bringen Sie Ihren Ratekünstler Guido in SITZ-und-BLEIB-Stellung. Legen Sie den Kuchen auf den Boden, und stülpen Sie eine Tasse darüber. Stülpen Sie danach auch die beiden anderen um, und stellen

Wo ist es denn nun?

Sie alle drei in eine Reihe. Ermahnen Sie Guido, genau auf Ihre Hände zu achten. Schieben Sie die Töpfe mit raschen Bewegungen hin und her, und vertauschen Sie sie, achten Sie aber darauf, daß der Hundekuchen nicht irgendwo liegenbleibt. Wenn die drei Gefäße wieder in einer Reihe stehen, fordern Sie Guido auf: SUCH. (Wenn ihm die erforderlichen Vorkenntnisse fehlen: Schlagen Sie in Kapitel 3 unter »Such!« nach.) Guido wirft mit der Nase das richtige Gefäß um, und *voilà!*, ein kleiner Imbiß. Wenn er das Spiel beherrscht, können Sie ihn auch etwas anderes raten lassen, eine Murmel oder einen Golfball etwa. Wird er sie finden? Es darf gewettet werden. Wir setzen, wie üblich, unser Geld auf den Hund. Die Hand mag vielleicht schneller sein als das Auge, doch schneller als die Nase ist sie nie.

MAGIE DER ZAHLEN

Bei jedem Trick, bei dem gezählt wird, sollten die Antworten kleiner als zehn und größer als zwei sein. Bei zweistelligen Zahlen kommt das Publikum leicht nicht mehr mit, und der Hund langweilt sich und wird ungeduldig. Wenn andererseits die Antwort immer *eins* lautet, müssen Sie den Hund jedesmal abwürgen, wenn er gerade erst loslegt, und er wird dann überhaupt nicht mehr zählen wollen. Ab und zu eine Eins darf sein, aber so wenig wie möglich.

Zur Etikette der Zauberkünstler gehört, daß man nie seinem Publikum einen Trick erklärt. Erklären Sie es, und der Zauber verfliegt — und um des Zaubers willen ist das Publikum schließlich gekommen. Umgarnen Sie es statt dessen mit Plauderei. Sie und Ihr Hund können nicht schweigend auftreten, und was Sie plaudern, sollte geistreich und locker sein, damit das Publikum Sie beide noch mehr in sein Herz schließt. Ihr Auftritt sollte Humor haben. Sie überspielen damit kleine Fehler, die Sie oder Ihr Hund machen. Und seien Sie sicher — wenn Sie erst einmal Routine haben, wird Ihr Publikum einfach hingerissen sein. Eine flinke Zunge und ein munteres, entspanntes Plaudern sind das Geheimnis jedes Entertainers.

Fordern Sie Ihre Zuschauer auf, an eine Zahl zu denken. »Ganz gleich welche Zahl, aber ich darf nicht wissen, welche es ist. Schreiben Sie es auf, aber lassen Sie Alraune nicht sehen, was Sie schreiben. Ja, so ist es richtig. Verdecken Sie die Antwort. Nun zählen Sie zu dieser Zahl die nächsthöhere hinzu. Addieren Sie dazu neun. Das Ganze teilen Sie nun durch zwei. Ziehen Sie davon die Zahl, die Sie sich zu Anfang ausgedacht haben, wieder ab.« Wenden Sie sich nun Alraune zu. Wenn sie sich gerade auf der Bühne kratzt, sollten Sie überlegen, ob Sie ihr die Gage kürzen. Fordern Sie sie zum Bellen auf, und lassen Sie sie fünfmal bellen. Das Publikum ist verblüfft: Der Hund hat recht. Und das ohne Papier und Bleistift. Verraten Sie niemandem, daß wir es Ihnen verraten haben, aber an diesem Trick ist nichts gezaubert. Die Antwort ist immer fünf! Die Da-capo-Rufe des Publikums sind gefährlich, denn da die Antwort immer die gleiche ist, wäre Wiederholung Selbstmord. Aber Sie können den Trick abwandeln.

Statt der neun, die sie hinzufügen sollten, lassen Sie die Zuschauer nun eine andere ungerade Zahl addieren. Die restlichen Anweisungen bringen Sie wieder genauso an, aber trotzdem kommt eine andere Antwort dabei heraus. Und erzählen Sie ein paar Witze zwischendurch, damit es nicht langweilig wird. Wenn das Publikum sieben hinzuzählt, lautet die Antwort vier. Bei elf ist die Antwort sechs. Daran ist nichts Besonderes — selbst Ihr Hund weiß es! Das Geheimnis ist die folgende Formel. Fügen Sie der ungeraden Zahl eins hinzu, und teilen Sie das Ergebnis durch zwei, und schon haben Sie die Antwort. Als Tabelle dargestellt:

Hinzuzufügen:	3	5	7	9	11	13	15	17	19
Antwort:	2	3	4	5	6	7	8	9	10

Denken Sie daran — die Antwort sollte nicht mehr als zehnmal Bellen sein. Und vergessen Sie nicht, daß da draußen ein Publikum sitzt, das sich amüsieren und etwas Lustiges erzählt bekommen will.

DIE VERLORENE ZIFFER

Sobald Sie Ihre Bühnenpräsenz entwickelt haben, sind Sie reif für den folgenden hübschen Trick. Sie und Ihr Riesenschnauzer Adam Riese werden Ihrem Freund helfen, eine verlorene Ziffer wiederzufinden. Fordern Sie den Freund auf: »Schreib eine vierstellige Zahl auf, aber laß mich sie nicht sehen, und sorg dafür, daß Adam sie nicht sieht!« Ihr Freund schreibt 2468 auf. Dann sagen Sie: »Jetzt zähl die vier Ziffern zusammen. Du kannst ruhig die Finger nehmen, aber paß auf, daß Adam nicht hinsieht.« Die Summe ist 20. »Als nächstes streichst du eine von den vier Ziffern aus.« Ihr Freund entscheidet sich für die zweite Ziffer, die 4. »Die drei Ziffern, die noch übriggeblieben sind, schreibst du jetzt über die Summe. Zieh die Summe der vier Ziffern von der dreistelligen Zahl ab.« Ihr Freund zieht die 20 von den 268 ab und kommt auf 248. »Sag Adam, was du herausbekommen hast.« Er wird Adam verraten, daß die Antwort 248 ist. Nun kommt Adams Auftritt: Sie fragen ihn nach der verlorenen Ziffer, und er wird viermal bellen.

Sobald Ihr Freund Adam die Zahl verraten hat, zählen Sie diese drei Ziffern zusammen, was in diesem Falle 14 ergibt. Ziehen Sie 14 vom nächsten Vielfachen von 9 ab, in diesem Falle 18 (= 2 x 9). Die Zahl, auf die Sie kommen — hier die 4 —, ist die verlorene Ziffer. Versuchen Sie es mit so vielen vierstelligen Zahlen, wie Sie wollen, und Sie werden sehen, es funktioniert immer!

Doch was, wenn Sie bei der Summe der drei Ziffern auf 9 oder 18 kommen? Das ist die Stelle, an der Ihre frisch erworbene Bühnenpräsenz gefragt ist. Die verlorene Ziffer kann entweder 9 oder 0 sein, und es gibt keine Möglichkeit, das zu wissen. Sie drehen sich auf dem Absatz zu Adam um, blicken im fest in die Augen und fragen mit strenger Stimme: »Wie heißt die Zahl?« Der verblüffte Hund wird einen Satz zurück machen. Ein solches Benehmen ist er von Ihnen nicht gewöhnt. Drehen Sie sich ebenso schlagartig wieder zu Ihrem

Freund um und fragen Sie: »Es ist doch nicht etwa eine Null? Adam kann keine Null bellen.« Wenn Sie erfahren, daß es tatsächlich eine Null ist, überhäufen Sie Adam mit Lob. Das ist das mindeste, schließlich haben Sie ihm gerade einen Riesenschrecken eingejagt. »Adam, du bist großartig. Das habe ich ja noch nie gesehen, daß du tatsächlich mit der Null antwortest!« Wenn Ihr Freund Sie beruhigt, daß es keine Null ist, dann wissen Sie, daß es die Neun ist. Wenden Sie sich wieder Adam zu, und bitten Sie ihn um Verzeihung, daß Sie ihm keine Zeit zum Antworten gelassen haben. Auf das verabredete Zeichen wird Adam zu bellen beginnen, und mit ein wenig Hilfe von seinem Freund wird er genau neunmal bellen, der kluge Hund!

13
TRICKS
FÜR DIE KLEINEN

Buchstabieren
Ringelreihen
Seilspringen
Versteckspielen

Hunde und Kinder gehören einfach zusammen — da sind sich alle einig, und deshalb haben wir hier ein paar Tricks zur Unterhaltung der jüngeren Generation zusammengestellt. Wenn Sie diese Tricks beherrschen, werden die Kleinen den Hund vergöttern, und Sie dazu!

BUCHSTABIEREN

Mit diesem einfachen und doch eindrucksvollen Trick wird Ihr Hund klüger dastehen, als er ist, und ist für Ihr Kind womöglich sogar noch ein Ansporn, seine Hausaufgaben gründlicher zu machen. Mehrere Ansätze sind möglich.

Einen einfachen Buchstabiertrick können Sie dem Hund direkt beibringen, ohne vorherige Schulung. Legen Sie ihm Halsband und Leine an und buchstabieren Sie S-I-T-Z. Dabei ziehen Sie an der Leine und geben ihm einen Klaps auf den Hintern — und siehe da! Loben Sie ihn, daß er sich gesetzt hat. Bringen Sie dabei noch einmal S-I-T-Z an. Er lernt einfach, auf S-I-T-Z zu reagieren. Üben Sie, bis er sich auch ohne Nachhilfe setzt.

Wenn er das Kommando SITZ schon kennt, können Sie ihm beibringen, sich auch auf ein Handzeichen hin zu setzen. Beim Wort SITZ strecken Sie die Hand aus, die Handfläche nach oben, und krümmen dann die Finger. Wenn Sie das eine Weile geübt haben, können Sie das Kommando weglassen, und er wird sich setzen, wenn er das Handzeichen sieht. Als nächstes bringen Sie ihn mit dem Handzeichen zum Sitzen und sagen dabei S-I-T-Z. Üben Sie das wiederum, und nach einer Weile wird er sich ohne Zeichen und nur auf das Kommando hin setzen.

Damit der Trick wirklich gut aussieht, müssen Sie verhindern, daß der Hund sich schon beim ersten Buchstaben setzt. Anfangs werden Sie ein wenig Zwang brauchen, bis er versteht, daß er sich

erst am Ende von S-I-T-Z setzen soll. Als nächstes muß er lernen, wirklich zuzuhören. Wenn er sich auch auf S-A-T-Z oder S-U-F-F setzen will, verbieten Sie es ihm mit NEIN. Buchstabieren Sie dann wieder S-I-T-Z, und loben Sie ihn, wenn er sich setzt.

Es ist nur eine Frage der Geduld, wieviele buchstabierte Wörter Sie ihm beibringen. Kinder (und auch Erwachsene) werden verblüfft sein, wie gebildet der Hund ist. Machen Sie es spannender, fragen Sie: »Was meint ihr, findet Sam seinen K-N-O-C-H-E-N?« Bauen Sie den Trick mit allem aus, was Sie sonst noch im Repertoire haben.

RINGELREIHEN

Das ist ein ganz besonderer Trick für ganz besondere Leute — für die Kleinsten in Ihrem Publikum. Ihre zwei Irischen Wolfshunde Nora und Patrick haben ihr Gehorsamstraining absolviert und das Kommando PLATZ gelernt, doch wie Sie gleich sehen werden, müssen die beiden noch ein zweites Wort lernen, auf das sie ebenfalls in die PLATZ-Stellung gehen. Bringen Sie den beiden HUSCH! bei, ohne sie dabei in die Flucht zu schlagen. Wenn sie das neue Wort gelernt haben, holen Sie sie ins Wohnzimmer, und legen Sie ihnen die Leine an. Laufen Sie vor den beiden her, und fordern Sie sie auf, Ihnen zu folgen. Wenn sie bei Fuß laufen wollen, führen Sie sie sanft mit der Leine zurück und schärfen Sie ihnen ein: NEIN, FOLGT MIR. Laufen Sie einen großen Kreis. Loben Sie die beiden, wenn sie Ihnen folgen. Üben Sie das zweimal täglich, immer ein paar Minuten.

Nach einer Woche werden Nora und Patrick Ihnen auch ohne Leine im Kreis folgen. Wenn sie sich weigern, müssen Sie noch ein wenig mit der Leine weiterüben. Jetzt lassen Sie einen anderen Erwachsenen im Kreis laufen, und fordern Sie die Hunde auf, auch ihm zu folgen. Wenn sie auch das beherrschen, können Sie die Kinder holen, und das Lied beginnt:

Ringelringelreihen,
Wir sind der Kinder zweien,
Sitzen unterm Holderbusch,
Machen alle Husch-Husch-Husch.

Auf das HUSCH! lassen sich die Kinder fallen, und ebenso die Wolfshunde. Loben Sie alle Beteiligten ausgiebig. Nun können Sie sich mit diesem Spiel vergnügen, wann immer Sie zwei Kinder und zwei Irische Wolfshunde im Hause haben. Aber machen Sie es nicht zu oft hintereinander, sonst wird allen schwindelig.

SEILSPRINGEN

Wir wollen es nicht leugnen — das ist ein schwerer Trick. Es gibt eine Reihe von Möglichkeiten, ihn zu lehren, aber wir schlagen vor, den Hund zu Anfang auf eine Kiste zu setzen. Sie sollte stabil stehen und so groß sein, daß er sich darauf umdrehen kann, andererseits aber nicht so groß, daß er hin- und herspaziert. Die Kiste ist dazu da, ihn

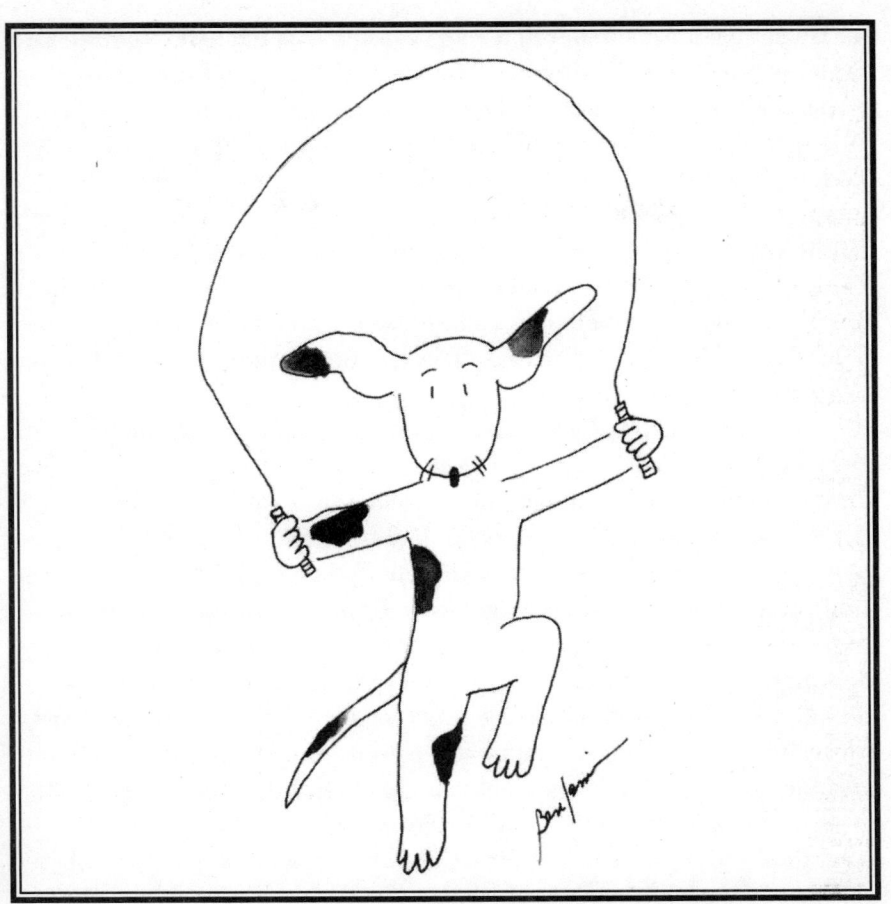

an einen engen Arbeitsbereich zu gewöhnen. Als nächstes kommt ein Stab ins Spiel, den Sie ihm langsam unter den Pfoten hindurchziehen. Wenn Ihr Hund auf den Hinterbeinen steht, stoßen Sie ihm zuerst an die eine Pfote, und wenn er darübergestiegen ist an die andere. Steht er auf allen vieren, nehmen Sie zuerst beide Vorder-, dann beide Hinterpfoten. Anfangs gehen Sie langsam vor, damit der Hund Zeit hat, über den Stab zu steigen, den Sie immer zwei, drei Zentimeter über der Oberfläche der Kiste halten. Dann steigern Sie das Tempo und führen den Stab nun in kreisenden Bewegungen über den Rücken des Hundes zurück. Hetzen Sie ihn nicht — diese Übung braucht Geduld.

Anfangs werden die Lektionen kurz sein, immer nur ein oder zwei Minuten. Nach und nach erhöhen Sie bis auf zehn Minuten. Für diese Art von Arbeit muß ein Hund Ausdauer lernen. Manche werden den Grundgedanken bald begriffen haben, andere brauchen ewig, bevor sie dahinterkommen, was vorgeht. Wenn Ihr Hund weiß, wie es funktioniert, wenn er seine Beine koordinieren kann und genügend Ausdauer gelernt hat, dann ersetzen Sie den Stab durch ein Sprungseil. Durch die Kiste hat er gelernt, an Ort und Stelle zu bleiben, mit dem Stab haben Sie ihm beigebracht, über etwas Festes, Bewegliches zu springen. Jetzt ist er soweit, daß er absteigen und seilspringen kann. Üben Sie es noch ein paarmal, bis Sie sicher sind, daß er es wirklich beherrscht. Und nun wo Sie soviel Arbeit hineingesteckt haben, haben die Kinder den Spaß und dürfen mit ihm seilspringen. Das heißt noch lange nicht, daß sie noch von sich hören lassen werden, wenn sie erwachsen sind und ihre eigene Wohnung haben, aber immerhin haben Sie dann ein paar schöne Bilder zur Erinnerung.

VERSTECKSPIELEN

Wenn Ihr Hund ein guter Spielgefährte für ein Kind werden soll, sollte er das Versteckspielen gründlich lernen — das heißt, er sollte lernen, sich zu verstecken und zu warten, bis er gefunden wird. Er sollte auch lernen, sich die Augen zuzuhalten, während Ihr Kind sich versteckt, und es dann zu suchen. Aber beobachten Sie ihn genau — wir haben schon Hunde gesehen, die gemogelt haben.

Lassen Sie sich von Ihrer Tochter helfen, wenn Sie Snoopy diesen Trick beibringen. Sie soll sich die Augen zuhalten und zählen, während Sie Snoopy zu seinem Versteck geleiten, einem Schrank zum Beispiel. Lassen Sie Snoopy auf dem Schrankboden Platz nehmen, und kommandieren Sie BLEIB. Nun können Sie Alma rufen, und die Suche kann beginnen. Wenn Snoopy von sich aus hervorkommt, schicken Sie ihn zurück und sagen noch einmal BLEIB. Wenn Alma ihn findet, begrüßt sie ihn mit GUT und kann ihn mit einem Bissen belohnen; dann soll er natürlich aus dem Versteck hervorkommen und wird es auch tun.

Bei jeder Runde sagen Sie zu Snoopy GEH, VERSTECK DICH und führen ihn zu einem Versteck, jedesmal zu einem neuen. Er soll viele verschiedene Verstecke kennenlernen, damit er später das Spiel

auch wirklich gut beherrscht. Und loben Sie ihn immer ausgiebig, wenn er einen Schritt aus eigenem Antrieb macht. Üben Sie das ein paar Wochen lang, dann brauchen Sie nur noch zu sagen SNOOPY, GEH, VERSTECK DICH, und er trottet davon. Wenn es sein muß, weisen Sie, während Alma zählt, mit dem Finger auf eins seiner Verstecke.

Wenn Snoopy ein Meister im Verstecken geworden ist, ist es nur fair, ihn auch einmal suchen zu lassen. Die Haltung, die er beim »Zählen« einnehmen sollte, ist die gleiche wie beim »Betenden Hund« (Kapitel 4). Sagen Sie PFOTEN HOCH, VERSTECK DEN KOPF, und zählen Sie dann für ihn. Natürlich kann Ihr Hund selbst zählen (siehe »Spreche, zähle, rechne« in Kapitel 11), aber zählen *und* den Kopf verstecken wäre wahrscheinlich zuviel verlangt. Außerdem wird er Mühe haben, wenn es über die 25 hinausgeht! Bei der verabredeten Zahl rufen Sie EINS, ZWEI, DREI, HIER KOMMT SNOOPY! und fordern Snoopy auf: SUCH ALMA! (siehe »Such!«, Kapitel 3). Jetzt kann Snoopy sich auf die Suche nach Alma machen, und *sie* bekommt ihre Belohnung — daß ihr Hund mit ihr Versteck spielt.

14
NEUE TRICKS
FÜR ALTE HUNDE

Bring das Vitamin E, das Geritol, das Heizkissen! Spiel Klavier!

K ann man denn einem alten Hund noch etwas Neues beibringen?« fragen die Leute oft. Die Antwort ist wohl offensichtlich — wir würden wetten, daß selbst *Sie* noch vor kurzem etwas Neues gelernt haben, alter Knochen, der Sie sind. Ihr treuer Vierbeiner ist ruhiger geworden, friedlich, unkompliziert. Außerdem langweilt er sich wahrscheinlich zu Tode. Beginnen Sie mit den beiden folgenden, und dann versuchen Sie es auch mit anderen Tricks. Wahrscheinlich bekommt er soviel Applaus, daß er sich wieder jung fühlt.

BRING DAS VITAMIN E, DAS GERITOL, DAS HEIZKISSEN!

Uns ist zwar noch nie ein alter Hund untergekommen, der im Schau-kelstuhl sitzt, aber Ihre Freunde werden ihren Spaß daran haben, wie der folgende Trick mit ein paar typischen Klischees von mensch-lichen Großvätern und -müttern spielt. Bevor Ihr Hund Ihnen etwas bringen kann, muß er natürlich das Apportieren gelernt haben. Haben Sie auf unseren Rat gehört und ihn an möglichst vielen verschiedenen Dingen üben lassen (siehe »Auf Kommando appor-tieren« in Kapitel 2), dann sollte er für den folgenden Trick auch in reiferen Jahren gut gewappnet sein.

Präparieren Sie ein kleines Fläschchen mit Vitamin-E-Pillen mit einer Bauchbinde aus Krepp-Klebeband, damit Ihr Hund es leichter tragen kann. Werfen Sie die Flasche, und fordern Sie Mimi auf: MIMI, HOL DEIN VITAMIN E. Nachdem Sie das ein paarmal geübt haben, stellen Sie die markierte Flasche an einen Platz, an den der Hund gut herankommt, und lassen sie dort; von nun an können Sie Mimi die Flasche holen lassen, ohne daß Sie sie vorher mit einem Wurf anfeuern müssen.

Das gleiche können Sie mit einem ebenso präparierten Geritol-Fläschchen machen. Zunächst einmal nehmen Sie täglich brav Ihr Geritol — auch wenn Ihre Gehirnzellen sich noch so frisch anfühlen. Wir wollen nur verhindern, daß Mimi ein volles Fläschchen nimmt und Ihren Teppich verkleckert. Lassen Sie sie das Geritol holen, wenn die Flasche leer ist.

Bei dem Heizkissen wickeln Sie die Schnur zusammen und fixieren sie mit einem Gummiband, damit sie beim Tragen nicht über den Boden schleift. Beginnen Sie wieder mit einem Wurf, um Mimi in Stimmung zu bringen, und bringen Sie das Kissen später an einem festen Ort unter, den Sie ihr einprägen. Das nächste Mal, wenn Besuch kommt, können Sie dann sagen: »Ich glaube, allmählich wird es zu kalt für Mimi. MIMI, HOL DEIN HEIZKISSEN.« Ist das denn nun ein guter Trick? Kommt darauf an, ob Sie sich gern amüsieren. Und was hat Mimi davon? Sie wird das Kissen wohl kaum einstöpseln und über ihre arthritischen Knie legen, aber sie wird glücklich sein, daß sie endlich wieder einmal im Mittelpunkt der Aufmerksamkeit steht. Ihr wird zumute sein, als hätte sie nach den Sternen gegriffen, und Sie hätten sie ihr gegeben!

SPIEL KLAVIER!

Diesen Trick macht man am besten mit einem Spielzeugklavier. Es wäre schade, ein echtes Klavier mit Hundekrallen zu verkratzen. Außerdem wird Ihr treuer Hund mit einem Konzertflügel im passenden Maßstab und einem kleinen Kerzenleuchter darauf einfach umwerfend aussehen.

Sorgen Sie als erstes mit sanfter Hand dafür, daß Becky vor

Lieben Sie Brahms?

ihrem Flügel Platz nimmt. Fahren Sie über die Tasten, und fordern Sie Becky dann auf: PFOTEN HOCH! Falls notwendig, helfen Sie nach, damit sie die Pfoten auf die Klaviatur bekommt. Machen Sie ihr Mut, beruhigen Sie sie, wenn sie Lampenfieber hat. Unsere Virtuosin ist begeistert von der Aufmerksamkeit, die sie bekommt, auch wenn die alten Knochen vielleicht nicht mehr ganz so wollen. Fordern Sie sie nun auf: BECKY, SPIEL KLAVIER, und helfen Sie ihr, zuerst mit der einen, dann der anderen Pfote zu »spielen«, indem Sie ihr abwechselnd die beiden Vorderbeine tätscheln oder kraulen. Üben Sie das mit Becky jeden Tag ein paar Minuten, bis sie ohne Mühen am Klavier sitzt und wohlgemut die Tasten traktiert.

Wird der Lärm die Nachbarn ärgern? Wahrscheinlich nicht. Sie werden einfach nur denken, daß Ihre Kinder nun doch wieder Klavierstunden nehmen.

15 NOTFALL-TRICKS

Feuermelder

Fesseln lösen oder durchbeißen

Einbrecher vertreiben

Ein verlorenes Stück wiederfinden

Verdächtige Nahrung ablehnen

Die folgenden »Kunststücke« sind mehr als nur nützlich. Hier dringen wir in die tiefsten Tiefen der Intelligenz eines Hundes und seiner Bereitschaft vor, seinem Herrn zu dienen. Wenn Sie diese Leistungen in einem Film sähen, würden Sie nicht glauben, daß sie echt sind. Das sind keine Tricks zur Unterhaltung, es sind ernste Sachen. Bringen Sie Ihrem Hund diese Tricks bei, und hoffen Sie, daß Sie sie nie brauchen werden.

FEUERMELDER

Dieser Trick braucht viel Zeit und macht viel Mühe, aber er könnte sich als der wertvollste des ganzen Buches erweisen. Wenn Sie ihn jemals brauchen, könnte er Ihnen das Leben retten.

Als erstes muß Ihr Hund lernen, daß es solche und solche Feuer gibt. Er wird im Laufe seines Lebens immer wieder mit Feuer in Kontakt kommen, und er kann nicht bei jeder Flamme bellen, die er sieht. Er darf nicht Alarm schlagen, wenn die Ofentür aufgemacht wird oder er ein Lagerfeuer sieht. Er darf nicht in Panik geraten, wenn ein Kaminfeuer brennt oder gar wenn jemand sich eine Zigarette anzündet. Ihr Verhalten bei den Übungen sollte streng und ernst sein. Sie dürfen nie einen Spaß daraus machen, wenn er im falschen Augenblick bellt oder in dem Augenblick nicht bellt, in dem er bellen sollte. Und *nichts*, was er hier lernt, sollte in Gegenwart der Kinder geschehen oder jemals als Glanznummer vorgeführt werden. Feuer ist etwas Todernstes. Es ist kein Spiel.

Spirituskocher produzieren eine kleine, sichere, gut steuerbare Flamme und sind ein gutes Hilfsmittel, wenn Sie Ihrem Hund das Rauch- und Feuermelden beibringen wollen. Stellen Sie einen Kocher auf, zünden Sie ihn an, und rufen Sie dann den Hund. Zeigen Sie auf das Feuer, und fordern Sie ihn auf: SPRICH! Loben Sie ihn, wenn er bellt. Das ist genug für die erste Lektion; drehen Sie die Flamme wieder aus. Machen Sie mit solchen Spiritusfeuern immer wieder kurze Übungen zu unregelmäßigen Zeiten und an verschiedenen

Orten im Haus. Wenn Ihr Hund bellt, sobald er die Flamme hoch-
schlagen sieht, sind Sie auf dem richtigen Wege. Machen Sie die
Übung aber trotzdem noch mindestens ein dutzendmal, und stellen
Sie nicht immer nur brennende, sondern von Zeit zu Zeit auch *nicht
brennende* Kocher hin. Der Hund darf nicht, beim Anblick des
Kochers bellen. Wenn er das tut, bringen Sie ihn mit einem leisen,
doch festen NEIN davon ab. Danach loben Sie ihn.

Aber Ihr Hund soll nicht nur lernen, Sie durch Lautgeben vor
ausbrechendem Feuer zu warnen, er muß auch lernen, bei normalen
Feuern *nicht* zu warnen. Tadeln Sie ihn mit NEIN, wenn er beim Ofen-
oder Kaminfeuer Alarm schlägt. Wenn er bei der Feuerzeugflamme
bellt, tätscheln Sie ihm die Schulter und bringen ihn mit einem sanften
NEIN zum Verstummen. Loben Sie ihn — »Braver Junge« —, damit
er sicher ist, daß er das Richtige tut. Prägen Sie sich ein, daß Sie ihn,
je mehr Sie ihn für »falsches« Lautgeben tadeln, desto mehr loben
müssen, wenn er »gefährliches« Feuer oder Rauch entdeckt. Er
braucht diese pädagogische Hilfestellung.

Wenn Ihr Hund gelernt hat, ein kleines Feuer im Spirituskocher
zu melden, zünden Sie ab und zu einen dichtgerollten Zeitungsbogen
an und halten ihn *vorsichtig* in seine Richtung; er sollte dann bellen.
Aber achten Sie darauf, wo Sie es tun — ein Beton- oder Fliesen-
boden ist natürlich ungefährlicher als ein Teppich. Es sollte ein langes
Bellen sein, nicht einfach nur ein einzelnes »Wuff«. Er sollte erst
aufhören, wenn die Flamme gelöscht ist. Loben Sie ihn, *noch
während* er bellt. Später loben Sie ihn dann nur noch *nach* dem

Bellen und fordern immer längere Zeiten. Ein einzelnes »Wuff« weckt niemanden mitten in der Nacht. Verlangen Sie aber nicht zuviel von dem Hund. Wechseln Sie lange und kurze Übungen ab, und bauen Sie so allmählich die Zeit aus, die er bellen kann. Sie sollten ihn nicht mit zu langen Sitzungen langweilen oder strapazieren.

Lassen Sie Ihren Hund mit Spirituskocher, zusammengerollten Zeitungen oder einem kleinen Feuer draußen (das Sie aber gut unter Kontrolle haben müssen) weitere Erfahrungen mit Bränden sammeln. Argus sollte auch bellen, wenn Sie nicht in der Nähe sind. Stellen Sie, wenn er anderswo im Haus ist, einen brennenden Kocher auf, gehen Sie ins Nebenzimmer und rufen Sie ihn, so daß er an dem Feuer vorüber muß. Hat er seine Lektion gut gelernt, so sollte er Alarm schlagen, wenn er die Flamme sieht. Wenn nicht, gehen Sie mit ihm zurück in das andere Zimmer und zeigen sie ihm. Wenn er nun bellt, loben Sie ihn überschwenglich. Loben Sie ihn immer ausgiebig, wenn er einen Schritt weiterkommt, etwa wenn er bellt, um Sie auf das Feuer aufmerksam zu machen. Das hat er gut gemacht.

Smoke Gets in Your Eyes

»Wo Rauch ist, da ist auch Feuer« heißt es immer, aber das muß nicht unbedingt stimmen. Doch wenn irgendwo in Ihrem Haus verdächtiger Rauch aufkommt, dann wollen Sie das wissen. Die Ausbildung zum Rauchmelder ist ein wenig komplizierter, aber da Argus ja nun eine gute Grundlage hat, sollte er trotzdem nicht allzu lange brauchen. Machen Sie diese Übungen größtenteils im Freien, damit niemand den

Rauch einatmen muß und Ihre Wände nicht schwarz werden. Wenn Sie auf dem Lande wohnen, ist der Herbst, wenn die Blätter zusammengerecht werden, die ideale Zeit. Feuchtes Laub gibt hervorragenden Rauch ab — wenn Sie aufmerksame Nachbarn haben, sagen Sie vorher Bescheid, damit nicht die Feuerwehr kommt. Für Übungen im Zimmer sorgen Sie dafür, daß der Raum gut belüftet ist. Feuchtes Laub funktioniert auch in Innenräumen gut; für Stadtbewohner haben sich ölgetränkte Lappen bewährt. Nehmen Sie jedoch *niemals* benzingetränkte Lappen, das ist zu gefährlich. Legen Sie die Blätter oder Lappen in einen Metalleimer, und haben Sie einen zweiten Eimer mit Löschwasser zur Hand. Nehmen Sie keinen metallenen Papierkorb — er wird lecken, wenn Sie das Wasser hineingießen. Die eigentliche Ausbildung erfolgt nun nach der gleichen Methode wie oben beim Feuer.

Rechnen Sie damit, daß es zwischen drei und sechs Monaten dauert, bis Argus diesen »Trick« gelernt hat. Sie können ihm in der Zwischenzeit auch andere Tricks beibringen, doch üben Sie niemals diesen und andere zusammen in einer Sitzung. Sie fragen, warum Sie solchen Aufwand treiben sollen, Ihrem Hund etwas beizubringen, wofür man überall billige Rauch- und Feuermelder kaufen kann? Selbst wenn Sie systematisch im ganzen Haus mechanische Feuermelder anbringen, haben Sie immer noch keine Garantie, daß es funktioniert. Hunde sind etwas Lebendiges. Wir würden uns lieber einem Freund anvertrauen als einer Maschine. Und wenn Sie auf Nummer sicher gehen wollen, nehmen Sie beides. Schaden kann es nicht!

Und denken Sie daran: Das ist kein Spiel. So stolz Sie auch sind, sollten Sie nicht mit Ihrem Erfolg prahlen. Wenn Ihnen jemand von dem Hund erzählt, der eine ganze Familie rettete und sich dann noch einmal in die Flammen stürzte, um die Feuerversicherungs-police zu holen, dann lächeln Sie nur. Wenn jemand von Ihnen wissen will, wie dieser Trick funktioniert, sagen Sie ihm, er muß einfach nur jedesmal dem Hund SPRICH einschärfen, wenn es in seinem Haus brennt. Oder besser noch, kaufen Sie ihm ein Exemplar dieses Buches!

FESSELN LÖSEN ODER DURCHBEISSEN

Wenn man in der guten alten Zeit ins Kino ging, konnte man Filme sehen, in denen der jugendliche Liebhaber die Heldin rettete, die ein übler Schurke an die Eisenbahngleise gefesselt hatte. In letzter Sekunde, wenn der Zug schon herandonnerte, band unser Held das Mädchen los und erhielt zur Belohnung dafür einen Kuß. Für den Fall, daß Sie selbst einmal einem üblen Schurken begegnen — und glauben Sie uns, es gibt sie noch immer —, sollten Sie Ihrem Hund Hero diesen Trick beibringen.

Stellen Sie sich also vor, Sie sind an die Schienen gefesselt. Der Zug nähert sich, Sie können das Beben des Bodens schon spüren. Sie rufen Ihren treuen Freund heran: HERO, LÖS DIE FESSELN! Gerade noch rechtzeitig bekommt er Sie frei, und aus dem Unterholz hören Sie: »Hol's der Teufel, wieder nichts«. Es gibt zwei Möglichkeiten, wie Hero Ihre Fesseln lösen kann — eine leichte und eine schwierige. Bringen Sie es ihm auf beide Arten bei, und fangen Sie mit der leichten Methode an. Wenn Sie es nicht tun, werden Sie es bereuen — Sie wissen nie, wann Sie es brauchen werden.

Im ersten Falle war Ihr Schurke nicht besonders helle und hat Sie mit einer großen Schleife festgebunden. Hier ist nichts weiter als eine Anwendung des Tauziehens vonnöten (Kapitel 17). Hero faßt eines der beiden losen Enden und zieht. Wie es bei Schleifen in solchen Fällen zu sein pflegt, löst sie sich, und Sie sind frei. Einfach, und trotzdem wird jeder beeindruckt sein.

Kommen wir nun zum zweiten Fall, bei dem Sie an einen Ganoven geraten sind, der zu gerissen ist, Sie einfach nur mit einer hübschen Schleife anzubinden. In diesem Fall muß Hero Ihre Fesseln durchbeißen. Dazu werden Sie ihn zuerst an der Kordel üben lassen, mit der Ihr Rollbraten zusammengehalten wird. Die vielen Rollbraten, die Sie von nun an essen werden, geben Ihnen die Kraft und die Ausdauer, diesen Trick zu üben. Und für Hero wird die wohlschmeckende Kordel ein Ansporn sein, den neuen Trick zu lernen. Bringen Sie Hero in die Position SITZ. Stecken Sie ihm die verführerische Kordel ins Maul, und zwar weit hinten zwischen die Mahlzähne. (Das sind diejenigen, die zwei oder drei Zähne hinter den Fangzähnen beginnen.) Legen Sie ihm die Kordel zwischen die Zähne, und fordern Sie ihn auf: BEISS! Das wird er sich nicht zweimal sagen lassen. Lassen Sie ihn beißen, bis er die Kordel durchgebissen hat, und loben Sie ihn dann. Das Lob wird ihm fast genausogut schmecken wie vorher die Kordel. Aber passen Sie auf, daß er sie nicht verschluckt. Geben Sie ihm noch ein zweites Stück, wieder mit dem Kommando BEISS, und lassen Sie es dann für den Tag genug sein. Nach und nach arbeiten Sie sich zu dickeren Seilen vor, die Sie zuvor in Bratensoße tränken. Trainieren Sie ihn, bis er eine Wäscheleine durchbeißen kann. Im Augenblick, in dem sie entzwei ist, belohnen Sie ihn sofort. Wenn er das Durchbeißen gut kann, halten Sie das Seil hinter Ihren Rücken und üben weiter. Nun können die Schurken und Ganoven kommen. Sie und Hero sind bereit.

EINBRECHER VERTREIBEN

Es ist ein Unterschied, ob ein Hund auf Kommando bellen lernt oder ob er lernt zu bellen, wenn ein Eindringling kommt. Im ersten Fall reagiert er einfach nur auf ein Stichwort; im zweiten werden seine Schutzinstinkte angesprochen, und er wird in einem ganz anderen *Ton* bellen. Dinge, die Sie im Abschnitt SPRECHEN, ZÄHLEN, RECHNEN gelernt haben (Kapitel 11), werden Ihnen helfen, Ihrem Hund das Bellen beizubringen, mit dem er Einbrecher in die Flucht schlägt. Ein Dresseur muß bisweilen auf diese Vorkenntnisse zurückgreifen, wenn er einem Hund das Alarmschlagen beibringen will, der von Natur aus weniger zum Wachhund berufen ist. Das Bellen auf Kommando ist ein amüsantes Kunststück; dagegen gibt es beim Bellen, das Einbrecher vertreiben soll, nichts zu lachen. Das ist ein Kunststück, das Ihnen das Leben retten könnte. Die eigentliche

Übung ist nicht weiter gefährlich, solange Hund und Herr nicht außer Kontrolle geraten.

Für die meisten Hunde sollten anderthalb Jahre das richtige Alter sein, diesen Trick zu lernen. Manche großen Rassen, Bernhardiner oder Neufundländer zum Beispiel, sind erst mit zweieinhalb Jahren soweit. Guter Gehorsam ist erforderlich — nicht nur, damit der Hund sich gut steuern läßt, sondern auch, weil es ein Zeichen ist, daß der Hund die nötige Reife hat und daß er Dinge in seiner Umgebung wahrnimmt. Er muß schon einige Erfahrung gesammelt haben, bevor er das Selbstvertrauen hat, das er für diese Arbeit braucht. Viele Hundebesitzer verlangen diese Leistung von ihren Hunden zu früh. Wenn Sie Ihren Hund dazu drängen, bevor er Reife und Selbstbewußtsein genug hat, können Sie ihm schweren Schaden zufügen. Sie werden, wie Sie gleich sehen werden, einen Komplizen brauchen, der Ihren Hund provoziert, damit er das Vertreiben von Eindringlingen lernen kann. *Auf gar keinen Fall* sollten Sie selbst oder jemand aus Ihrem Haushalt den Hund provozieren.

Für diese Ausbildung müssen Sie also zunächst einen Mitarbeiter finden, den Ihr Hund nicht kennt. Im Idealfalle wäre das jemand, der sich wirklich mit Hunden auskennt und viel Erfahrung mit ihnen hat. Wenn Sie keinen *guten* Hundekenner finden können, nehmen Sie lieber jemanden mit Schauspieltalent. Als nächstes beobachten Sie Ihren Hund ein paar Tage lang ganz genau und führen Buch darüber, was ihn zum Bellen bringt. Mit solchem Vorwissen können Sie die Übungszeit stark verkürzen. Machen Sie mit Galahad einen Spazier-

Plötzlich taucht der Bösewicht hinter einem Baum auf.

gang; wir gehen davon aus, daß er normalerweise Fremde nicht anbellt. Halten Sie ihn an der Leine, und nehmen Sie ein bequemes, breites Lederhalsband, kein Kettenhalsband. Unterwegs wird Ihnen Ihr Freund, der Schauspieler, begegnen, der einen Schlapphut trägt und den Kragen seiner Jacke hochgeschlagen hat. Er versteckt sich hinter einem Baum, und wenn Sie und Galahad herankommen, lugt er dahinter hervor. Er kann sogar eine Karnevalsmaske tragen, die allerdings sein Gesichtsfeld nicht einschränken darf. Er sollte so sinister wie möglich aussehen und sich auch stets unnatürlich bewegen. Achten Sie jetzt darauf, wie Galahad reagiert. Sobald er den »Eindringling« bemerkt, sagen Sie leise WER IST DENN DAS? PASS AUF, GALAHAD. DA DRÜBEN, SIEHST DU DEN? PASS AUF, GALAHAD! Sagen Sie das voller Mißtrauen. Wenn Galahad bellt, wird der Bösewicht sofort hinter dem Baum verschwinden, und Sie loben Galahad in den höchsten Tönen, daß er Sie aus tödlicher Gefahr errettet hat. Denken Sie daran, daß Sie ebenfalls schauspielern müssen — verwirren Sie den Hund nicht mit einer lachenden Miene. Schlagen Sie nun einen anderen Weg ein, damit Sie dem Aufwiegler nicht noch einmal begegnen. Sie haben alle drei fürs erste genug getan.

Wenn Galahad zwischen Ihren Beinen Schutz gesucht hat, wird die Arbeit ein wenig schwerer, aber noch ist nichts verloren. Jetzt kommt es auf den Schauspieler an. Beim ersten Winseln oder unterdrückten Bellen muß er sich zurückziehen. Er läuft hierhin und dorthin auf der Suche nach einem Fluchtweg. Der Hund muß als Sieger dastehen — Sie müssen ihn zu einer Reaktion bringen, die den

Angreifer »vertreibt«. Wenn es nicht recht funktioniert hat, versteckt er sich ein gutes Stück weiter von neuem und wartet, bis Sie kommen. Diesmal wird das Winseln mit dem unterdrückten »Wuff« schon ein wenig schneller kommen, und entsprechend größer fällt Ihr Lob aus. Aber verlangen Sie von Ihrem Hund bei diesem ersten Anlauf nicht zuviel. Wenn Sie gar nichts erreichen, empfiehlt es sich wahrscheinlich zu warten, bis der Hund etwas älter wird.

Arrangieren Sie immer wieder kurze Begegnungen mit dem Schwarzen Mann — je kürzer und häufiger, desto besser. Längere Attacken könnten zuviel für die Nerven Ihres Lieblings sein. Für Galahad ist das schließlich bitterer Ernst! Mit Ungeduld werden Sie nicht weiterkommen. Beim nächsten Mal gehen Sie nach demselben Muster vor. Diesmal versteckt sich der Bösewicht hinter einem etwas weiter entfernten Baum. Entsprechend kräftiger bellt der Hund. Jetzt kann Galahad den Bösewicht sogar jagen, der sich entlang einer vorher abgesprochenen Route davonmacht und sich dann wieder hinter einem Baum versteckt. Bei jeder Übung erhöhen Sie die Dauer ein wenig. Galahad wird sich immer mutiger fühlen und ist mächtig stolz auf sich. Er weiß, daß der Angreifer eine Heidenangst vor ihm hat. Mittlerweile schlägt er viel schneller an. Beim nächsten Mal wird der Angreifer beim Hervorkommen die Hand erheben. Wenn Galahad auch nur im mindesten zurückschreckt, läßt er es sofort sein. Führen Sie diese erhobene Hand ganz behutsam ein, und arbeiten Sie daran, bis der Hund auch noch mutig weiterbellt, wenn der Angreifer sie bis über den Kopf erhebt.

Sie und Galahad sitzen friedlich zu Hause. Plötzlich klingelt der Bösewicht an der Tür — oder besser noch, er macht sich an der Tür zu schaffen. Legen Sie Galahad an die Leine und führen Sie ihn zur Tür. PASS AUF lautet das Kommando, das ihn den Angreifer in die Flucht schlagen läßt. Bisher haben Sie Galahad über die Leine stets unter Kontrolle gehabt. Teils steckte psychologische Absicht dahinter — wie der Betrunkene in der Bar denkt auch der Hund, wenn die anderen ihn mäßigen wollen, »Halt mich fest, sonst bring ich ihn um«. Gerade daß Sie ihn zurückhalten, macht ihm Mut! Wenn Ihr Hund eher vom Typus furchtsamer Löwe ist, müssen Sie auch dafür sorgen, daß er sich nicht verdrückt, wenn der Bösewicht erscheint. Wenn er andererseits zum Aggressiven neigt, ist es eine Schutzmaßnahme, die verhindert, daß Ihr Helfer gebissen wird.

Doch inzwischen bellt Galahad den Eindringling an und möchte sich am liebsten auf ihn stürzen. Zusätzliche Sicherung tut not. Das Kommando AUS! — kurz, knapp und recht laut gesprochen — bringt Ihren Hund zur Ruhe. Sofort ist er wieder der brave Liebling. Wenn er weiterbellt, sagen Sie schärfer AUS! und geben ihm einen Ruck mit der Leine. Wenn er auch darauf nicht reagiert, brauchen Sie ein metallenes Halsband, damit er den nächsten Ruck wirklich spürt. Natürlich muß, sobald das Wort AUS! fällt, auch Ihr Komplize jede Aggression gegenüber Ihnen und Galahad sofort sein lassen.

AUS ist kein Tadel. Mit dem Wort NEIN sagen Sie Ihrem Hund, daß er etwas falsch gemacht hat; dagegen bedeutet AUS: Was du tust, ist in Ordnung, aber ich habe es mir anders überlegt — hör also bitte auf. Anders ausgedrückt, NEIN soll Ihrem Hund etwas Falsches abgewöhnen, AUS heißt nur, daß er für den Augenblick mit etwas aufhören soll.

Ob Galahad nun wirklich Sie beschützen will oder nur sich selbst, spielt keine Rolle, solange er anschlägt, wenn es erforderlich ist, und mit dem Bellen aufhört, wenn Sie ihn dazu auffordern. Sie beide sind ein Team, das gemeinsam daran gearbeitet hat, ein bestimmtes Ziel zu erreichen. Sie haben sich gegenseitig Mut gemacht. Mancher Hundebesitzer malt sich gern aus, daß sein Hund das Leben riskieren würde, um ihn zu beschützen. Nun wo Galahad diesen Trick beherrscht, müssen Sie es wahrscheinlich nie darauf ankommen lassen.

ETWAS VERLORENES WIEDERFINDEN

Das ist ein nützlicher Trick, besonders wenn Sie zu den Leuten gehören, die ständig Sachen verlieren. Es gibt sogar spezielle Suchhunde, die darauf trainiert sind, verlorene Sachen zu finden, auch von Fremden.

Nehmen Sie Sherlock mit hinaus an eine Ecke, an der es hohes Gras gibt, und spielen Sie Fangen mit ihm. (Natürlich hat er das Apportieren längst gelernt.) Werfen Sie etwas, und zwar so, daß Sherlock sehen kann, wo es landet. Schicken Sie ihn los, es zu holen. Sherlock ist überglücklich, für ihn ist das ein wunderbares Spiel. Als nächstes werfen Sie es so, daß er *nicht* sehen kann, wo es landet. Ein Brillenetui oder ein alter Handschuh wären gute Übungsstücke.

Im hohen Gras ist Sherlocks Nase gefordert.

Schicken Sie Sherlock wieder los, den Handschuh zu suchen. Führen Sie ihn in die Nähe, wenn er ratlos ist — er braucht jetzt Ihre Ermunterung. Sagen Sie SUCH, ALTER JUNGE, SUCH, GUTER HUND. Das wird ihn in Stimmung bringen. Ihr Plauderton macht ihm Mut, und er wird gar nicht auf die Idee kommen, die Suche aufzugeben. Als nächstes nehmen Sie Sherlock bei Fuß und lassen unterwegs unauffällig den Handschuh fallen. Wenn Sie ein Stück weitergegangen sind, schicken Sie ihn zurück und lassen ihn danach suchen. Bei jedem Versuch machen Sie es ein wenig schwieriger.

Sie sind mit Absicht in das hohe Gras gegangen, weil Sherlock den Handschuh dort nicht so leicht finden kann. Außerdem wird er nicht hören, wenn Sie ihn fallenlassen. Wenn Sherlock gut zurecht-kommt und das Spiel ihm Freude macht, üben Sie als nächstes mit ihm auf der Straße. Dort muß er mit einer Vielzahl neuer Ablenkungen fertigwerden — mit Lärm, fremden Gerüchen, Menschen, die vorüberkommen. Das ist eine echte Herausforderung für Ihren Hund, und er wird stolz sein, wenn er die Lage gemeistert hat. Und schließlich können Sie sich ja nicht darauf verlassen, daß Sie Ihre Autoschlüssel gerade im hohen Gras verlieren.

Zuerst lassen Sie ihn immer nach demselben Gegenstand suchen. Wenn er den Trick gut beherrscht, gewöhnen Sie ihn an ein zweites Objekt. Von da an kommen bei jeder Sitzung neue hinzu. Das nächste Mal, daß Sie Ihre Schlüssel oder Ihre Brille verlieren, werden Sie sehen, daß dieser Trick die kleine Mühe wert war.

VERDÄCHTIGE NAHRUNG ABLEHNEN

Dieses Verhalten kann man auf vielerlei Weise beibringen, und es kommt immer ein eindrucksvoller Trick dabei heraus. Doch ob nun Trick oder nicht — was er hier lernt, könnte Ihrem Hund das Leben retten. Es gibt nun einmal, so traurig das ist, Leute, die Hunde vergiften, und man weiß nie, wann und wo sie als nächstes zuschlagen.

Eine Möglichkeit wäre, ihm beizubringen, nur Sachen zu fressen, die er in seinem persönlichen Napf bekommt. Er könnte lernen, auf das Material zu reagieren, so daß er zum Beispiel alles ablehnt, was in Edelstahl statt in Porzellan serviert wird. Eine andere Möglichkeit ist, ihn so zu dressieren, daß er nur Dinge nimmt, die ihm mit der linken Hand angeboten werden. Wenn der Giftmörder dann allerdings zu den fünf Prozent der Bevölkerung gehört, die Linkshänder sind, wäre er trotzdem verloren.

Am ehesten gehen Sie auf Nummer sicher, wenn Sie ihm beibringen, nichts zu fressen, was er auf dem Boden findet. Meistens wird der Täter das Gift in präpariertem Fleisch verstecken, das er über den Gartenzaun wirft.

Wach- oder Schutzhunden bringt man bei, jeden Fremden anzugreifen, der ihnen Nahrung geben will. Das ist für Hunde, die professionell eingesetzt werden, praktikabel, wäre aber im Haushalt völlig fehl am Platze. Solche Wachhunde arbeiten in Bereichen, in denen dafür gesorgt ist, daß ihnen keine ahnungslosen, doch wohlmeinenden Menschen begegnen. Wenn jemand an einen Wachhund so nahe herankommt, daß er ihm etwas zu Fressen hinhalten kann, dann hat er mit Sicherheit nichts Gutes im Sinn. Eine solche Erziehung kann also dem Wachhund das Leben retten und gleichzeitig den Anschlag des Einbrechers vereiteln. Vielfach wird ein solcher Hund ohne menschlichen Begleiter patrouillieren. Er wird regelmäßig aufgehetzt, jeden Fremden, der Nahrung bringen will, anzugreifen.

Ihr Hund sollte jedoch nur dankend ablehnen und nicht gleich jeden, der ihm etwas hinhält, anfallen. Ein Hund mit gutem Gehorsamstraining wird das rasch lernen. Halten Sie ihn zu Anfang mit einem Metallhalsband an der Leine. Suchen Sie sich wieder einen Konspirateur, der sich ihm diesmal freundlich mit einem Stück Fleisch in der Hand nähern wird. Ihr Freund weiß Bescheid, daß Gandhi das Roastbeef auf keinen Fall nehmen darf, ganz gleich was geschieht. Er bietet ihm also den Bissen an, und wenn der Hund danach schnappen will, ziehen Sie ihn mit einem harten Ruck zurück und sagen NEIN! Der junge Mann wird Gandhi drei- oder viermal in Versuchung bringen und dann seines Weges gehen. Entspannen Sie sich, rauchen Sie eine Zigarette, und warten Sie ein Weilchen, bis dann plötzlich Ihr Komplize mit demselben Stück Rindfleisch wieder vor Ihnen steht. Im Idealfalle wäre es jedesmal ein anderer »Verführer«, aber wahrscheinlich werden Sie Mühe haben, auch nur einen Freiwilligen zu finden — gerade wenn der Hund wirklich bissig aussieht.

Auch in der nächsten Sitzung wird Ihr Assistent Gandhi wieder in Versuchung bringen. Manchmal wird auch er ihn mit einem leichten Schlag auf die Schnauze bestrafen, wenn er nach dem Bissen schnappen will. Diese kurzen Schläge werden Sie im Laufe der Zeit durch solche mit der Leine ersetzen. Insgesamt sollten die Korrekturen mit der Leine überwiegen. Das ist aus einer Reihe von Gründen vernünftiger als wenn der »Vergifter« auch derjenige ist, der straft:

1. Sie kennen Ihren Hund am besten und sollten viel besser als Ihr Helfer den richtigen Zeitpunkt spüren — es sei denn, Ihr Helfer ist ein professioneller Hundedresseur.

2. Grundsätzlich empfiehlt es sich, daß nur der Besitzer seinen Hund straft.

3. Sie halten die Gefahr, daß ein unerfahrener Assistent dem Hund wehtut, so klein wie möglich.

4. Sie halten die Gefahr, daß der Hund einem unerfahrenen Assistenten wehtut, so klein wie möglich — gerade wenn der Hund bei seinem Essen keinen Spaß versteht.

Andererseits wird es unvermeidlich sein, daß Ihr Assistent einen Teil dieser Arbeit übernimmt, wenn der Hund seine Lektion wirklich lernen soll. Gandhi muß das Gefühl bekommen, daß schon der Gedanke, dies schöne Steak anzunehmen, bestraft wird — selbst wenn Sie gar nicht in der Nähe sind.

Obwohl Sie ihm ja nun schon einiges zugemutet haben, sollten Sie gleich zur nächsten Phase der Ausbildung übergehen. Jetzt wird es einfach. Sie setzen sich nur hin, ruhen sich aus und zünden sich eine zweite Zigarette an. Wenn Sie nicht rauchen, brauchen Sie es nicht eigens für diesen Trick zu lernen. *Wenn* Sie rauchen, wäre es ein schönes Kunststück, damit aufzuhören — aber dann wären wir in einem anderen Buch! Fürs erste kommt nun wiederum Ihr Assistent mit dem Beefsteak. Gandhi ist kein Dummkopf und wird sich wahrscheinlich nur noch empört abwenden. *Voilà!* Er hat seinen Trick gelernt. Aber da täuschen Sie sich; es gibt noch eine Menge, was er dazulernen muß. Lassen Sie nun Ihren Assistenten das Fleisch zu Boden werfen. Halten Sie die Leine locker, so daß Gandhi den Eindruck bekommt, er könne an den Bissen heran. In Wirklichkeit haben Sie ihm aber nicht einmal genug Leine gegeben, daß er sich daran erhängen könnte. Außerdem sind Sie auf der Hut und werden ihn mit einem NEIN und einem scharfen Ruck zur Besinnung bringen. Sollte er das Fleisch dennoch schnappen, müssen Sie sich auf ihn stürzen, ihm das Maul öffnen und es wieder herausholen. Das Fleisch muß um jeden Preis heraus. Wenn das über Ihre Kräfte geht, sollten Sie am besten gar nicht erst mit dieser Übung beginnen — es ist besser, er hätte das Verweigern von Nahrung nie gelernt, als daß er jetzt mit seinem Stück Fleisch davonkommt. Wenn er eine Chance sieht, ein Stück zu ergattern, wird er es darauf ankommen lassen, und Ihre Mühe war vergebens. Es wird nicht leicht sein, aber schließlich haben wir Ihnen ja vorher zwei Pausen zum Kräftesammeln gegönnt. Nachdem Sie ihm in beispiellosem Körpereinsatz das Fleisch entrungen haben, geben Sie ihm ein paar Schläge mit der Leine — schließlich hätte er beinahe vergiftetes Fleisch gefressen, da gibt es keinen Pardon. Für Ihren Hund muß das hundertprozentiger Ernst sein. Allerdings noch eine Warnung: Der Hund muß zuvor gelernt haben, Ihnen sein Essen zu geben, wenn Sie es verlangen; wenn er das nicht kennt, müssen es ihm beibringen, bevor Sie mit dieser Übung beginnen — Sie sollten nicht einem Hund ins Maul fassen, der um jeden Preis sein Essen behalten will.

Wenn Gandhi das Fleisch nicht anrührt, versuchen Sie ein paarmal, mit ihm in nächster Nähe daran vorbeizugehen. Lassen Sie ihn nicht bei Fuß gehen, denn daß er sich dann nicht um Dinge kümmern darf, die am Boden liegen, hat er ja längst gelernt. Lassen Sie die Leine locker, so daß er wirklich in Versuchung kommt, an dem Steak zu schnüffeln und es zu fassen. Er soll ruhig die Gelegenheit bekommen. Doch wenn er sie ergreift, wissen Sie, was Sie zu tun haben.

Damit wäre die erste Lektion überstanden — und Sie haben es gut gemacht! Was wird nun aus dem inzwischen arg lädierten Beefsteak? Sie persönlich (im Gegensatz zu dem »Giftmörder«) können es Gandhi ruhig geben — mit der linken Hand oder in seinem speziellen Napf, wenn Sie ihm das auch noch beibringen wollen.

Übergeben Sie es ihm in aller Form, bestätigen Sie mit GUT, daß er es fressen darf, und loben Sie ihn. So weit, so gut. Doch leider sind Sie noch immer längst nicht am Ziel. Ihre Mühen haben eben erst begonnen. Auch wenn Sie staunen, wieviel Sie in so kurzer Zeit erreicht haben, müssen Sie an diesem Trick immer wieder arbeiten, bis er gut sitzt.

In der nächsten Sitzung sollten Sie, wenn möglich, einen anderen Assistenten haben. Lassen Sie ihn dieselben Übungen wiederholen wie beim vorigen Mal. Am Ende wirft er dem Hund das Fleisch vor, doch Gandhi weiß, was von ihm erwartet wird, und rührt es nicht an.

Bisher waren die Sitzungen recht kurz, doch um Gandhis Fähigkeiten weiter auszubauen, werden Sie einige Zeit investieren müssen. Suchen Sie sich ein gutes Versteck, von dem aus Sie ihn im Garten beobachten können. Es darf nicht zu weit abliegen und muß direkten Zugang haben, so daß Sie jederzeit hervorkommen und ihn für eventuelle Vergehen bestrafen können. Beim ersten Mal tritt wieder einer Ihrer tüchtigen Mitarbeiter auf und bringt den Hund in Versuchung. Gandhi wird die Annahme der Nahrung wahrscheinlich verweigern. Als nächstes lassen Sie Ihren Helfer das Fleisch über den Zaun werfen. Behalten Sie Gandhi jetzt genau im Auge! Vielleicht ignoriert er das Fleisch, vielleicht wirft er ihm aber auch scheele Blicke zu. Sollte er Anstalten machen, es zu nehmen, kommen Sie unter lauten Rufen NEIN, NEIN, NEIN, NEIN, NEIN, in den Garten gestürmt. Fassen Sie ihn, zwingen Sie ihn das Maul zu öffnen, holen Sie das Fleisch heraus, schütteln Sie ihn ordentlich, und sagen Sie noch einmal NEIN, NEIN, NEIN! Nun können Sie sich entspannen, aber seien Sie nicht zu rasch wieder gut Freund mit dem Hund. Dieser Teil der Ausbildung ist hart, aber wenn Sie nun am liebsten das Handtuch werfen möchten, dann denken Sie daran, daß es hier nicht einfach nur um ein Kunststück geht — es geht um etwas, was ihm eines Tages das Leben retten kann. Wenn Gandhi es einmal gelernt hat, wird es nicht schwer sein, dafür zu sorgen, daß er es nicht wieder vergißt.

16
NOBLE
TRICKS

Der Rechenkünstler

Das Sprachtalent

Geduckter Gang

Hinkender Gang

Der Champagnerkellner

I hr Hund ist ein Klassehund, keine Frage. Ob sein Stammbaum nun bis zu Dobermann höchstpersönlich zurückreicht oder nur bis zum Cocker-Spaniel-Club Wanne-Eickel, für Sie ist er einfach der Größte.

Die folgenden Kunststücke sollen dazu nun *Ihre* Klasse unter Beweis stellen. Diese Tricks sind witzig und intelligent und haben alle fünf ein ganz besonderes Flair. Warum sollten Sie so etwas nur in Ihrem Wohnzimmer aufführen, wo Sie ganze Säle damit füllen könnten?

DER RECHENKÜNSTLER

Besorgen Sie sich als erstes einen Taschenrechner. Wenn Sie auch nur ein kleinwenig so sind wie wir, werden Sie diesen Trick nicht ohne bewältigen können. Es handelt sich um eine Weiterentwicklung von »Sprechen, Zählen, Rechnen« (in Kapitel 11). Die Kommandos sind dieselben, aber das Drum und Dran ist viel aufregender. Warum sollen Sie den Hund eins und zwei zusammenzählen lassen, wenn er Ihnen mit dem gleichen Aufwand auch die Quadratwurzel von neun nennt? Verstehen Sie, worauf wir hinauswollen? Mit ein wenig Unterstützung von Texas Instruments wird Ihr Hund als Genie dastehen. Was er natürlich auch ist.

Wenn es ohne Rechenmaschine gehen soll, können Sie die Rechnungen auch vor dem Auftritt hinter sich bringen und die Ergebnisse dann auf einem Spickzettel parat haben. Lassen Sie keine Fragen aus dem Publikum zu, es sei denn, Sie beherrschen die Mathematik wirklich im Schlaf. Spielen Sie mit Quadratwurzeln, oder machen Sie Eindruck mit der Magie der Zahlen, etwa mit dem folgenden Kunststück.

Neun ist eine magische Zahl. Sehen Sie zum Beispiel hier, was sie alles kann. Ein Freund kommt Sie besuchen und hat von Einstein erzählen hören, Ihrem mathematisch begabten Hund. Holen Sie Einstein ins Zimmer, und beginnen Sie dann: »Stellen wir uns vor, du gehst einkaufen. Du kannst einen Betrag deiner Wahl mitnehmen, aber mehr als ein Euro und weniger als zehn Euro — also geh nicht gerade zum Juwelier. Schreib die Zahl auf, aber so, daß ich sie nicht

sehe, und Einstein darf sie auch nicht sehen. Jetzt kehrst du die Reihenfolge der Zahlen um (zum Beispiel: € 7,69 wird € 9,67). Einstein hat seinen großzügigen Tag — er sagt, du kannst ruhig den größeren Betrag (€ 9,67) als Einkaufsgeld haben. Stellen wir uns nun vor, den kleineren (€ 7,69) gibst du aus. Du ziehst die kleinere von der größeren Zahl ab, und dann siehst du, was du noch übrig hast (€ 1,98). Jetzt sagst du Einstein, wieviel Euro vor dem Komma stehen (€ 1), und er nennt dir den Centbetrag dahinter.« Das ist die Stelle, an der die Zauberei hereinkommt: Die mittlere Zahl wird immer neun sein, und die erste und die letzte Ziffer ergeben zusammengenommen ebenfalls neun. Wenden Sie sich Einstein zu und lassen Sie ihn neunmal bellen. Dann zählen Sie den Eurobetrag vor dem Komma von neun ab und erhalten die zweite Ziffer (in diesem Fall die 8) und lassen Einstein entsprechend bellen. Verneigen Sie sich, warten Sie, bis der Applaus verklungen ist, und gehen Sie dann zu etwas anderem über. Einen Trick ein zweites Mal zu machen, ist immer gefährlich, und das gilt für Zaubertricks ganz besonders.

Wenn Sie an dieser Art von Zahlenspielen Gefallen finden, sehen Sie sich einmal in einer Buchhandlung um. Hier finden Sie weiterführende Literatur. Aus dieser werden Sie und Einstein Zahlenspiele lernen, die Ihre Freunde mit offenen Mündern dasitzen lassen. Das nächste Mal, da Ihr Hund nichts zu tun hat, wird er sich einen dieser Wälzer vornehmen — Sie werden staunen, was er da alles lernt.

DAS SPRACHTALENT

Sie müssen nicht gleich zu Berlitz gehen, wenn Sie mit den Fremd-
sprachenkenntnissen Ihres Hundes glänzen wollen. Alles Erforder-
liche finden Sie hier.

Erinnern Sie sich noch, wie Sie dem Hund das Buchstabieren
beigebracht haben? Die gleichen Prinzipien gelten auch für fremde
Sprachen. Entweder dressieren Sie den kleinen Bourek von Anfang
an in einer anderen Sprache, oder Sie erziehen ihn zuerst auf
Deutsch, bringen ihm dann Handzeichen bei und benutzen diese, um
ihn die polnischen Kommandos zu lehren. Nicht lange, und Sie
brauchen nur noch SIAD zu sagen, dann setzt er sich. Doch wie bei
Ihren eigenen Sprachkenntnissen: Sie rosten, wenn sie nicht benutzt
werden. In der Tabelle finden Sie den Grundwortschatz, mit den
besten Empfehlungen des Hauses.

Die Übersicht führt nicht die wörtlichen Übersetzungen auf,
sondern die echten Kommandos, die in diesen Sprachen gegeben
werden. Wenn Sie sich wundern, daß keine romanischen Sprachen
vorkommen, so wollen wir Ihnen verraten, daß diese sich zwar
wunderbar für Liebesflüstern, jedoch nicht zur Erziehung eines
Hundes eignen: Sie sind zu weich für den Kommandoton. Selbst die
französische Armee — wir sagen das, um einem Verbot des Buches in
Französisch-Kanada vorzugreifen — kommandiert ihre Hunde auf
Deutsch, und in Mittel- und Südamerika werden Hunde meist mit
deutschen oder englischen Kommandos ausgebildet.

Deutsch	Englisch	Holländisch	Schwedisch	Polnisch
Mach schön	Beg (sit high)	Bedel	Tigga	Popro's
Sprich	Speak	Spreek	Skäll	Daj Glos
Roll dich	Roll over	Rol om	Rulla över	Przewrót
Bring	Fetch	Breng't	Bring	Aport
Gib Pfötchen	Give your paw	Pootje	Vacker Tass	Daj lape
Stell dich tot	Play dead	Dood	Spela Död	Polosz sie
Bete	Say your prayers	Zeg je gebed	Sitt vackert	Spiewaj
Hopp	Hup	Spring	Hoppa	Przeszkoda
Kriech	Crawl	Kruip	Kårla	Czolgaj sie

GEDUCKTER GANG

Der geduckte Gang gehört zur Ausbildung von Militär- und Späh-
hunden und ist besonders wichtig, wenn ein Hund und der Soldat,
der ihn führt, unter dem feindlichen Feuer hindurchmüssen, um eine
wichtige Botschaft zu überbringen. Wir hoffen, daß Sie in eine solche
Verlegenheit nie kommen werden, doch wenn Sie »unter Beschuß«
von einem Publikum geraten, das nach Zugaben ruft, kann das
Kriechen ein hübsches Kunststück sein.

Beginnen Sie mit Ihrem Hund Rip in der Position DOWN, und legen Sie sich dann neben ihn. Fassen Sie mit der linken Hand die Leine kurz oberhalb der Stelle, an der sie ins Halsband eingehakt ist. Für diese Übung ist ein gutes Gehorsamstraining unerläßlich; wenn Sie sich nicht darauf verlassen können, daß er in der DOWN-Stellung bleibt, üben Sie das, bevor Sie sich an den geduckten Gang geben. Bei diesem Trick ist die Wahrscheinlichkeit, daß er kneift, größer als bei vielen anderen. Geben Sie also acht. Fassen Sie Leine und Halsband fest zwischen Handfläche und Daumen. Kommandieren Sie KRIECH, und schieben Sie Ihre Hand voran, doch immer parallel zum Boden. Rip wird aufstehen wollen, und Sie müssen ihn sofort am Halsband nach unten ziehen und noch einmal das Kommando KRIECH sagen, und dann machen Sie eine Vorwärtsbewegung (»Komm weiter«) mit der linken Hand. Daraufhin wird der Hund ein kleines Stück kriechen. Überschütten Sie ihn mit Lob!

Bei der ersten Lektion geben Sie sich zur Not mit zehn Zentimetern zufrieden. In der Folgezeit fordern Sie von Rip das Kriechen über immer größere Distanzen. Geduldig und unnachgiebig müssen Sie ihn immer wieder am Aufstehen hindern. Daran ist nichts Schlimmes; es ist nicht anders zu erwarten. Sobald er sich aufrichtet, ziehen Sie ihn wieder herunter. Geben Sie wieder das Handsignal KOMM WEITER und das Kommando KRIECH. Bisher kriechen Sie und Rip zusammen. Wenn er erst einmal ein paar Meter an Ihrer Seite geschafft hat, schicken Sie ihn in die Position DOWN UND BLEIB und gehen ein kleines Stück von ihm fort. Sie haben ihn nach wie vor an der sehr kurzen Leine, so daß Sie ihn nach unten ziehen können. Fordern Sie Rip wiederum auf KRIECH. Er sollte nun zu Ihnen herübergekrochen kommen, denn schließlich will er gelobt werden. Loben Sie ihn herzlich. Verlängern Sie nach und nach die Strecke, die er zu Ihnen kriecht. Am Ende werden Sie ihn soweit haben, daß er auch ohne Leine fünf oder sechs Meter kriecht. Wenn er sich aufrichten will, ziehen Sie ihn mit der Leine herunter. Wenn er ohne Leine nicht am Boden bleibt, müssen Sie noch weiter mit der Leine üben.

Dieser Trick läßt sich mit ein paar anderen zu einer wunderbaren Shownummer verbinden. Ihre Gäste oder Ihr Publikum sehen zu, wie Rip gerade einen anderen Trick aufführt. Plötzlich ziehen Sie den Finger aus dem »Halfter«, zielen auf ihn und sagen PENG! Beim ersten PENG beginnt er auf einer Pfote zu hinken. Beim zweiten PENG geht er zu Boden und kriecht. Der dritte »Schuß« ist der *coup de grâce*: Rip rollt sich auf den Rücken und stellt sich tot.

HINKENDER GANG

Dieser erstklassige Trick ist für sich schon wunderbar, doch mit ein paar anderen kombiniert ergibt er einen bühnenreifen Auftritt. Lassen Sie ihn nicht aus — Sie wissen nie, wann Ihnen Ihr »hinkender Hund« aus einer brenzligen Lage helfen kann.

Sie haben Luise an der Leine, stehen vor ihr und sehen sie an. Legen Sie die Leine in einer Schlinge um eines ihrer Vorderbeine, so daß Sie es am Gelenk emporheben können. Ziehen Sie sanft an der Leine, so daß sie das Vorderbein heben muß. Sie sollte das Gelenk, von der Leine gestützt, ein wenig über dem Ellenbogen halten. Jetzt rufen Sie sie zu sich. LUISE, KOMM. BRAVES MÄDCHEN. HINKE. Wenn sie Ihnen auf drei Beinen entgegenkommt, loben Sie sie, lassen sie ausruhen und machen es dann gleich noch einmal. Wenn Sie eine Weile geübt haben und Luise weiß, worauf es ankommt, versuchen Sie es ohne zu ziehen. Halten Sie nur noch die Pfote an der Schlinge hoch, und schärfen Sie ihr wieder ein: HINKE. Die Arbeit ist getan und die Nummer reif für den Einsatz, wenn Luise auch ohne Leine auf Kommando hinkt.

Lohnt es sich, dafür Zeit zu investieren? Das weiß man nie. Eines Tages könnte Ihr armer, verletzter Hund Sie vor einem Strafzettel wegen zu schnellem Fahren bewahren. Einstweilen halten Sie sich an die Geschwindigkeitsbegrenzungen und versuchen es einmal mit folgenden Kombinationen:

1. Der Klassiker HINKE, KRIECH, STELL DICH TOT (oben unter »Kriech« beschrieben). Dieser Trick läßt sich noch leichter handhaben, wenn Sie Ihrem Hund ein Handzeichen für das Hinken beibringen, das der »Pistole« ähnelt. Zeigen Sie auf den Hund und »schießen« Sie, damit er hinkt, zeigen und schießen Sie ein zweites Mal, und er kriecht, und PENG! beim dritten Schuß — *voilà!* — ein toter Hund.

2. Der letzte Ausweg. Wenn Sie im Rampenlicht stehen und eins Ihrer Zauber- oder Rechenkunststücke funktioniert nicht, geben Sie Luise das Handzeichen HINKE, und dann nichts wie ab von der Bühne.

3. Die Tränendrüse. Schicken Sie Ihren hinkenden Hund los, den Kontakt mit jener Schönheit drei Häuser weiter anzuknüpfen, die Sie sich nie anzusprechen trauen (siehe »Anbandeln« in Kapitel 17).

4. Der Zaubertrank. Mit letzten Kräften hinkt Luise aus dem Zimmer, um ihre Flasche Geritol zu holen. Ein Schluck, und sie vollführt die tollsten Luftsprünge. Schreiben Sie an Geritol, vielleicht bekommen Sie eine ganze Schachtel gratis.

5. Der nette Hund. Lassen Sie Ihren Hund mit einem Hut herumgehen, in dem er Bonbons verteilt. Lassen Sie ihn dann ein zweites Mal herumgehen und Trinkgelder sammeln, nur hinkt er inzwischen. Wer hätte da nicht Mitleid mit dem armen, netten Hund?

6. Das erhörte Gebet. Ihr armer Hund hinkt. Fordern Sie ihn auf: BETE. Er sagt sein Gebet, und siehe da, er springt wieder munter auf allen vieren. Ein Trick mit Tiefe!

Mehr? Lassen Sie sich etwas einfallen!

DER CHAMPAGNERKELLNER

Dieser elegante Trick ist nichts für elegante Hunde. Man braucht dazu einen echten Macho, einen Bullmastiff, Neufundländer oder Bernhardiner. Letzterer empfiehlt sich besonders, denn schließlich kann er auf eine lange Tradition zurückblicken, dem erschöpften Reisenden alkoholische Labsal zu bringen.

Denken Sie immer daran, daß dies ein nobler Trick ist, und üben Sie nicht mit Bierflaschen, ganz gleich ob voll oder leer. Die

Nachbarn könnten Sie sehen, und Ihr Ruf würde sich nie wieder davon erholen. Atlas wird lernen, eine Magnumflasche Champagner zu servieren, verkorkt, mit Eis, in einem echten metallenen Sektkühler. Damit er das kann, muß er mehr sein als nur ein guter Apportierhund. Atlas muß selbst für seine Verhältnisse ein Koloß sein. Wenn er der magere kleine Kerl ist, auf dem auf dem Bernhardinerspielplatz immer alle herumtrampeln, machen Sie ihm nicht mit dieser harten Arbeit das Leben noch schwerer.

Natürlich ist das nicht die Art von Trick, die Atlas als erstes lernt. Bevor er erfolgreich einen Sektkühler schleppt, wird er seine Muskeln an vergleichsweise leichten Dingen gestählt haben. Ihm muß wirklich viel daran liegen, Ihnen einen Freude zu machen. Sie beide müssen sich bei der Arbeit wirklich gut verstehen, und wenn möglich sollte er auch noch Sinn für Humor haben. Wenn dieser Trick Ihre Gäste nicht umwirft, sollten Sie sich wirklich überlegen, wen Sie zum nächsten Champagnerdinner einladen.

Auch aus einem anderen Grund muß Atlas ein Kerl von einem Hund sein: Er muß den Sektkühler hoch genug heben können. Ein kräftiger Bassett wäre wahrscheinlich in der Lage, das Gewicht zu tragen, aber er würde den Kühler über den Boden schleifen, und mit der noblen Wirkung wäre es dann nicht mehr weit her.

Sind Sie soweit? Wenn Sie den Trick von langer Hand vorbereiten wollen, können Sie mit Atlas schon im Welpenalter zu üben beginnen: Nehmen Sie den Henkel von dem Kühler ab, und lassen Sie ihn nur den Henkel tragen, damit er sich an das Gefühl gewöhnt, bevor das Ge-

wicht hinzukommt. Die Henkel der großen Sektkübel sind sehr stabil, und Sie können alles Mögliche daranhängen, um Atlas zum Tragen immer größerer Lasten zu dressieren. Am Ende haken Sie dann wieder den Kübel ein. Atlas hat natürlich das Apportieren gelernt, und Sie wissen, wie Sie ihm die entsprechenden Kommandos geben. Wenn er den leeren Kübel tragen gelernt hat, füllen Sie nach und nach immer mehr Gewicht hinein. Beginnen Sie gleich mit ein paar Eiswürfeln — er muß sich auch an das Geräusch gewöhnen. Als nächstes kommt eine leere Champagnerflasche hinein. Und wenn Sie nicht zu den Leuten gehören, die leere Champagnerflaschen herumstehen haben, wieso geben Sie sich dann überhaupt mit diesem Trick ab?

Atlas ist also inzwischen in der Lage, den Kühler mit einer leeren Flasche zu tragen. Fügen Sie immer weiter Eis hinzu, und trainieren Sie ihn für immer höhere Gewichte, bis der Tag kommt, an dem die leere durch eine volle Flasche ersetzt wird. Wenn Atlas sie trägt, als sei sie aus Pappe, ist er reif für seinen Auftritt. Jetzt nichts wie ans Telefon — ein solches Talent braucht Publikum, und es wäre ja auch für Sie nicht gut, wenn Sie die Magnumflasche Champagner allein austränken! Lassen Sie Ihre Gäste Platz nehmen, und rufen Sie dann Atlas, der mit dem Sektkühler hereinkommt. Wenn er wirklich gut ist, wird er gleich noch einmal in die Küche zurücklaufen und eine weiße Stoffserviette holen, in die Sie die Flasche wickeln. Aber erwarten Sie nicht, daß er Ihnen einen Korkenzieher bringt. Dieser Hund hat Stil und weiß, wie eine Champagnerflasche geöffnet wird.

17
RAFFINIERTE TRICKS

Mahlzeit am Tisch

Tauziehen

Anbandeln

Niesen

»Falscher« Trick

Daß Ihr Hund Ihnen freche Antworten gibt, wäre natürlich das letzte, was wir wollen. Andererseits finden wir freche Kinder immer ausgesprochen erfrischend — zumindest solange es nicht unsere sind. Frechheiten können oft witzig und mutig sein. Frech sein bedeutet, daß immer gerade soviel Unverschämtheit dabei ist, daß es noch charmant ist, und dazu hat ein Hund ein ganz besonderes Talent. Und so etwas wollen wir Ihnen und Ihrem Hund auch noch beibringen? Worauf Sie sich verlassen können!

MAHLZEIT AM TISCH

In den meisten Hundebüchern können Sie lesen: »Füttern Sie auf keinen Fall den Hund am Tisch!«, und wahrscheinlich haben Sie es schon von Ihrer Mutter gehört, bevor Sie überhaupt lesen konnten. Wir werden Ihnen jetzt verraten, wie Sie Ihren Hund mit an den Tisch nehmen können, und Sie werden sehen, es ist frech und nobel zugleich. Schließlich will niemand einen Hund zum Essen einladen, der schlechte Tischmanieren hat!

Natürlich *müssen* Sie das Ihrem Hund nicht beibringen — manche würden nicht im Traum daran denken, so etwas zu tun. Wenn Sie aber eine Schwäche für Albernheiten haben oder wenn Sie allein leben, könnte es ganz nach Ihrem Geschmack sein. Denken Sie nach, und wenn Sie nicht mehr als drei Gründe anführen können, weshalb Sie *nicht* mit Ihrem Hund gemeinsam essen sollten, dann lesen Sie weiter. Als erstes muß Ihr Mischlingsrüde Knigge lernen, auf einem Stuhl zu sitzen. Sie brauchen einen Stuhl, der fest steht, sonst wird Knigge sich unwohl fühlen. Er darf aber nicht auf den Stuhl springen, wann immer ihm danach zumute ist — nur auf Kommando. Sie werden immer wieder einmal jemanden zu Gast haben, den es stört, wenn ein Hund am Tisch sitzt, während über wirtschaftspolitische Fragen gesprochen wird. Wenn Sie zulassen, daß Knigge nach Belieben auf seinen Stuhl springt, könnte er das auch in diesem Falle tun und sich womöglich gleich neben dem Truthahn aufstützen. Sagen Sie ihm KOMM AUF DEINEN STUHL, und ziehen Sie ihm dabei den

Stuhl unter dem Tisch hervor. Wenn er gut sitzt, kommandieren Sie BLEIB, und schieben den Stuhl mit ihm vorsichtig wieder an den Tisch. Machen Sie es ganz langsam, und sagen Sie noch einmal B-L-L-EIB, denn die Bewegung wird ihn nervös machen. Finden Sie es richtig, daß Knigge die Vorderpfoten auf dem Tisch hat? Wir finden, alle vier Beine gehören auf den Stuhl! Ein Hund, der die Beine auf den Tisch legt, das wäre wirklich unerzogen. Wenn Knigge sehr klein ist, würden wir eine Ausnahme machen — besser als ein Telefonbuch unterzulegen ist es doch!

Knigge sollte eine große Stoffserviette tragen, die Sie an seinem Halsband feststecken. Die meisten Hunde werden nichts dagegen haben, aber geben Sie ihm ein wenig Zeit, bis er sich daran gewöhnt hat. Wenn er die Pfoten auf dem Tisch hat (und es nicht technisch notwendig ist), ermahnen Sie ihn. Natürlich darf er erst loslegen, wenn Sie ihm die Erlaubnis geben — und zwar mit dem Wort GUT. Aber was werden Sie denn nun essen? Dem Gast etwas anderes vorzusetzen, als man selbst ißt, gehört sich nicht, und da Sie wahrscheinlich nichts von seinem Speisezettel mögen werden, schlagen wir folgendes Rezept vor, das beiderlei Gaumen erfreuen sollte:

HUNDEFUTTER*

1 Zwiebel
1 Pfund Hackfleisch
2 Selleriestangen
Wasserkastanien

Knoblauch
Sojasoße
1 Tasse Naturreis
Chinesische Nudeln

Dünsten Sie die Zwiebeln in der Pfanne, geben Sie das Hackfleisch dazu, und braten Sie es an. Fügen Sie die in Scheiben geschnittenen Selleriestangen und Wasserkastanien hinzu. Knoblauch und Sojasoße nach Belieben. Kochen Sie den Reis, und rühren Sie ihn unter diese Mischung. Lassen Sie alles im geschlossenen Topf noch 10 Minuten lang auf kleiner Flamme weitergaren. Servieren Sie es auf Chinesischen Nudeln, damit es mehr Fülle hat. Mit Stäbchen zu essen (oder auch ohne).

*PORTION FÜR:

einen Erwachsenen und einen Bretonischen Spaniel

oder einen Erwachsenen und zwei Cairnterrier

oder zwei Erwachsene und einen Chihuahua

oder einen Rhodesian Ridgeback

oder ein Kind und zwei Dackel (Glatthaar-, Drahthaar- oder Langhaardackel)

oder zwei Kinder und einen Shih Tzu

Knigge braucht einen tieferen Teller als Sie, damit er nichts verkleckert. Wenn er zu sehr schlingt, sagen Sie L-A-A-NGSAM, IMMER MIT DER RUHE, und wenn es sein muß, ziehen Sie ihm für eine Weile den Teller weg. Damit haben Sie es geschafft. Knigge weiß Ihre Küche zu schätzen, vielleicht mehr als alle anderen Gäste. Nun brauchen Sie nie mehr allein zu essen, und Ihr nächster Kindergeburtstag wird ein Riesenerfolg sein. Aber — es sei denn, Sie wären frecher als wir — lassen Sie Knigge weiter am Boden essen, wenn Mutter zu Besuch kommt.

Manche Gäste stört es, wenn bei politischen Gesprächen ein Hund am Tisch sitzt.

TAUZIEHEN

Dieser vielfältige Trick ist für Ihren Hund auch ein Spiel und eine sportliche Übung. In Tierhandlungen findet man oft ein Gummispielzeug in Form eines Doppelrings, nach dem viele Hunde ganz verrückt sind. Manche Rassen, Boxer und Bullterrier zum Beispiel, versetzt es in regelrechte Raserei. Sie und Ihr Hund veranstalten ein Tauziehen, und mancher läßt sich sogar an diesem Ring vom Boden heben und durch die Luft schleudern!

Halten Sie Cleopatra den Gummiring hin, und sagen Sie ZIEH. Sobald sie den Ring zwischen den Zähnen hat, ziehen Sie leicht. Je stärker sie zieht, desto stärker ziehen Sie. Wenn sie den Ring und das Kommando kennengelernt hat, können Sie es auch mit anderen Materialien machen. Ein Leinensack, wie man ihn früher oft mit dem Trockenfutter bekam, ist ideal zum Tauziehen; heute wird leider fast alles in Plastiktüten verpackt. Wenn Sie keinen Sack finden, leistet auch eine Wäscheleine gute Dienste. Verknoten Sie sie zu einem einfachen Ring oder ahmen Sie den Doppelring nach, wenn Sie genug Leine haben. Halten Sie Cleopatra die Leine hin, und sagen Sie wieder ZIEH. Damit das Spiel interessant bleibt, nehmen Sie zur Abwechselung den Sack oder ein altes Handtuch. Lassen Sie auch einmal zu, daß sie Ihnen das Spielzeug aus den Händen reißt. Die meisten Hunde schütteln Ihre Beute — machen Sie sich das zunutze und bringen Sie ihr das Kommando SCHÜTTLE ES bei. Disziplin ist wichtig — Sie wollen ja nicht, daß Cleopatra an allem zieht, was vorüberkommt. Vorher müssen Sie mit ihr geübt haben, auf Kommando etwas herzugeben — sehen Sie unter »Auf Kommando apportieren« (Kapitel 2) nach, Stichwort GIB.

Bisher ist diese Übung ja eher ein Spiel als ein Trick. Doch nun können Sie ein Seil an einem Wägelchen oder Karton befestigen und Cleopatra auffordern: ZIEH. Nach und nach laden Sie Karton oder Wagen immer voller und ermuntern Cleopatra mit ZIEH. Im Winter kann sie ihr Kunststück draußen zeigen und den Schlitten der Kinder ziehen. Sie kann sogar einen Einkaufswagen nach Hause ziehen, und Sie spazieren unbeschwert nebenher. Wenn Sie ein wenig üben, kann Cleopatra einen anderen Hund an der Leine führen und Ihnen bei dessen Erziehung helfen. Das könnte der Anfang einer pädagogischen Leidenschaft sein; wenn Sie ihr das Lesen beigebracht haben, sollten Sie dieses Buch irgendwo offen liegen haben, und womöglich wird sie Ihrem neuen Hund mehr Tricks beibringen, als sie jemals von Ihnen gelernt hat!

ANBANDELN

Der folgende Trick ist ebenso praktisch wie albern, und er ist ausgesprochen romantisch. Er soll Leuten — Männern wie Frauen — dazu verhelfen, auf rasche und respektable Weise Bekanntschaft mit anderen zu schließen. Zugegeben, am höchsten ist die Erfolgsquote bei wunderschönen Frauen und hochattraktiven Männern, aber er funktioniert auch bei normalaussehenden Leuten. Im Idealfalle haben Sie einen Welpen, aber jeder Hund, der in die Kategorie »süß« fällt, ist geeignet.

Sie werden einige Mitarbeiter brauchen, um Ihrem Hund Amor diesen Trick beizubringen. Ihr Freund sollte ein paar Leckerbissen in der Hand haben. Nehmen Sie den Welpen etwa anderthalb Meter weit mit, und stellen Sie ihn dann mit Blick zu Ihrem Freund auf. Geben Sie ihm einen Schubs in die richtige Richtung, und sagen Sie LAUF. Wenn notwendig, kann Amor auch von Ihrem Freund gerufen werden, aber dieses Hilfsmittel sollte wirklich nur ganz zu Anfang gebraucht werden. Wenn Amor bei Ihrem Freund ankommt, sollte dieser ihn mit Leckerbissen belohnen, ihn liebkosen, loben und überhaupt ein großes Aufheben machen. Erhöhen Sie nach und nach die Distanz, bis Sie acht oder zehn Meter von Ihrem Freund entfernt sind. Alles kommt darauf an, den Hund in die richtige Richtung zu schicken, denn Sie wollen ja nicht mit Fingern auf das Atemberaubende, was da entlangkommt, zeigen und alles verderben. Sie verstehen allmählich, worauf es ankommt? Gut.

Üben Sie weiter. Amor bandelt mit verschiedenen Freunden an und wird jedesmal dafür gelobt. Welpen werden diesen Trick rasch begriffen haben, doch wenn die Entfernung groß ist, vergessen sie vielleicht unterwegs, wohin sie wollten. Junge Hunde sind zwar besonders reizend, doch alles in allem sind Sie mit einem sympathischen ausgewachsenen Hund besser bedient — gerade wenn Sie sich ausmalen, daß Sie diesen Trick nun regelmäßig anwenden werden.

Manch süßer Welpe wird rasch zum furchteinflößenden Erwachsenen.

Nun kommt alles auf Sie an. Gehen Sie mit Amor spazieren, und halten Sie Ausschau nach Robert Redford oder Pamela Anderson. Sagen Sie zu Amor LAUF, und sobald er die Person Ihrer Träume anspricht, gehen Sie hin und holen ihn zurück. »Ich bitte um Verzeihung. Danke, daß Sie ihn aufgehalten haben. Ich wüßte gar nicht, was ich ohne ihn tun sollte. Ich habe ja niemanden außer ihm. Ich kenne keine Menschenseele hier in der Stadt.... « Tut uns leid, aber von nun an sind Sie auf sich gestellt. Mehr können wir nicht für Sie tun. Aber viel Glück wünschen wir!

NIESEN

Die alte Regel »Warte, bis der Hund es tut, und gib dann das Kommando« führt hier nicht weiter. Wie oft niest Ihr Hund denn schon? Bringen Sie ihn zum Niesen, und sagen Sie dann HAAA-TSCHI. Das HAAA wird aussehen, als ob *Sie* niesen müßten, aber es ist mehr als nur die richtige Einstimmung. Der Trick wird dadurch dramatischer und interessanter. Werfen Sie den Kopf in den Nacken, und niesen Sie das Kommando heraus. Vielleicht niesen Sie und Schnuffi sogar im Duett.

Es gibt zwei grundsätzliche Möglichkeiten, den Hund zum Niesen zu bringen, jeweils mit Abwandlungen. Zum einen können Sie etwas ausstreuen, was ihm in die Nase steigt — Pfeffer hat sich bewährt. Nehmen Sie nur wenig, und tun Sie es nicht zu oft. Streuen Sie sich ein klein wenig auf die Hand; wenn die Handfläche feucht ist, macht das gar nichts; es wird im Gegenteil sogar verhindern, daß zuviel auf den Boden fällt. Halten Sie diese gepfefferte Hand nun dem Hund vor die Nase, und sagen Sie HAAA-TSCHI. Halten Sie die Hand, wo sie ist, bis Schnuffi gehorcht, und ziehen Sie sie dann sofort zurück. Loben Sie ihn ausgiebig. Machen Sie diese Übung nicht häufiger als zweimal hintereinander. Sie werden feststellen, daß ihn nach kurzer Zeit eine vor die Nase gehaltene Hand auch ohne Pfeffer zum Niesen bringt.

Doch Pfeffer hinterläßt Spuren und bringt vielleicht auch Sie selbst zum Niesen. Versuchen Sie es zuerst mit der folgenden Methode. Fassen Sie die Schnauze mit der Hand, und blasen Sie dem Hund in die Nasenlöcher. Das bringt die meisten zum Niesen, es quält ihn weniger, und Sie brauchen den Fußboden nicht zu säubern. Bei einem Hund, der beißt, sollten Sie das natürlich nicht versuchen. (Und schämen Sie sich, wenn Schnuffi beißt. Haben Sie da nichts anderes zu tun, als ihm alberne Tricks beizubringen?) Bei vielen Hunden reicht es sogar, ihnen einfach ins Gesicht zu pusten, irgendwo im Nasenbereich. Die richtige Stelle ist von Hund zu Hund verschieden — experimentieren Sie also mit vollen Backen. Und was nützt Ihnen dieser Trick? Er steht nicht ohne Grund unter den raffinierten Tricks. Lassen Sie sich für Ihren nächsten Auftritt ein paar dumme Sprüche mit passenden Niesern einfallen.

»FALSCHER« TRICK

Der »falsche« Trick ist der krönende Abschluß für all Ihre Mühen.
Wenn Sie ohne etwas zu überblättern bis hierher gekommen sind,
dann ziehen wir den Hut vor Ihren Dressurkünsten. Und hier haben
wir noch eine kleine Bravournummer, die einen würdigen Abschluß
macht.

Dieser Trick paßt gut zu einem melancholischen Hund. Auch für
alle gemächlichen Rassen, für Bernhardiner, Neufundländer, Pyre-
näenberghunde und Mastiffs ist er wie gemacht. Machen Sie sich den
Charakter Ihres Hundes zunutze, und die Wirkung wird um so
größer sein. Wenn Ihr Hund träge ist, fordern Sie ihn zu besonders
lebhaften Aufgaben auf. Ist er ein Chihuahua, dann sagen Sie BRING
IHN UM! Keine Sorge, er macht es schon nicht. Lesen Sie weiter.

Werfen Sie Ihre Brieftasche, und tragen Sie Ihrem Wunderhund
auf: BORIS, HOL. Boris blickt Sie nur an und tut überhaupt nichts.
BORIS, sagen Sie, nun schon ein wenig kleinmütig, HOCH DIE
PFÖTCHEN. Boris rollt sich auf die Seite und stellt sich tot. BORIS,
WIE ALT IST MEINE SCHWIEGERMUTTER? Wenn Sie Glück
haben, gähnt er. Holen Sie einen Reifen hervor. Wenden Sie sich ans
Publikum. »Das ist das Beste«, versichern Sie. »Das müssen Sie
einfach gesehen haben. Das hat er schon in der Johnny-Carson-Show
gezeigt. BORIS, HÜPF DURCH DEN REIFEN.« Boris mimt nur
weiter den toten Hund.

Wie, fragen Sie uns, wird dieser wunderbare Trick Wirklichkeit?

Wieviele Monate lang werden wir üben müssen, bis wir damit unsere Zuschauer am Boden liegen haben? Oder ist es gar nicht so schwer? Ja und nein. Zunächst einmal sind alle Kommandos falsch. (Haben wir Sie da auch hereingelegt?) Das Apportieren hat Ihr Hund auf das Wort NIMM gelernt, das aufrechte Sitzen und Betteln auf das Wort MACH SCHÖN, den Sprung durch den Reifen auf das Wort SPRING. (Weitere Erläuterungen erübrigen sich, oder?) Zum zweiten heißt Ihr Hund Fred und nicht Boris. Und zum dritten geben Sie Fred nicht nur falsche Kommandos, sondern auch noch Handzeichen, die diesen widersprechen. Entweder bringen Sie Fred in SITZ-UND-BLEIB-Stellung, oder Sie geben ihm das Handzeichen für STELL DICH TOT, und von da an ist alles nur noch Augenauswischerei. Dieser Trick ist so lustig, wie *Sie* ihn machen. BORIS, können Sie zum Beispiel sagen, HOL UNS EIN BIER. BORIS, LÖS DICH IN LUFT AUF!

Das ist *Ihre* Nummer. Sie brauchen nur den richtigen Rahmen für das Feuerwerk Ihres Humors. Toben Sie sich ordentlich aus — hier sind Ihnen keine Grenzen gesetzt.

18
TRICKS FÜR DAS 21. JAHRHUNDERT

Anrufbeantworter

CB-Funk

D ie Zeiten ändern sich, und des Menschen bester Freund, stets willig und anpassungsfähig, ändert sich mit ihnen. Wieviele Jagdhunde gehen heutzutage noch auf Parforcejagd und bekommen einen Fuchs zu Gesicht? Ein Schipperke ist froh, wenn er Gassi gehen darf, und denkt gar nicht mehr an seine Lastkähne. Und welcher Pudel, der auf sich hält, holt denn noch Wild aus dem feuchten Element? Er will doch nicht den Spott seines Friseurs riskieren! Die Hunde unserer Zeit geben sich mit den Dingen unserer Zeit ab. Sie wachen auf, wenn der Wecker klingelt. Sie stürmen zur Haustür, wenn der Anrufbeantworter sich einschaltet. Viele werden nicht mehr gebürstet, sondern mit dem Staubsauger abgesaugt. Hund und Maschine müssen heute in Eintracht leben — oder es doch zumindest versuchen. Die beiden folgenden Tricks bemühen sich um eine Symbiose zwischen Hund und moderner Technik — ein erster Versuch in Richtung Hund der Zukunft. Sehen Sie selbst zu, was Sie damit anfangen können.

ANRUFBEANTWORTER

In den guten alten Zeiten war es »Die Stimme seines Herrn«, die den kleinen Foxterrier in den Bann schlug — heute ein Klassiker. Inzwischen ist es eher umgekehrt — die Stimme Ihres Hundes wird Freunde und Kunden faszinieren. Anrufbeantworter sind längst etwas Alltägliches, aber vielen Menschen ist es doch immer noch unangenehm, auf Band zu sprechen. Sie verkrampfen sich und legen dann auf.

Aber nun können Sie und Ihr Hund Spock den Anrufern die Ängste nehmen und werden damit mehr Antworten aufs Band bannen als je zuvor. Lassen Sie Ihren Ansagetext von Spock sprechen, dem Hundestar der Zukunft. Drücken Sie den Aufnahmeknopf, und geben Sie Spock das Zeichen SPRICH. Nach einigem markigen Bellen sagen Sie Ihren Text dazu. Danach geben Sie Spock erneut ein Zeichen für den Abschiedsgruß. Das ist mehr als nur ein hübscher Gag. Den Leuten wird es Spaß machen zurückzubellen. Warum zu den Sternen greifen, um den richtigen Anrufbeantworter zu finden? Die Lösung sitzt auf vier Pfoten neben Ihnen.

CB-FUNK

Wenn Ihr vierbeiniger Freund unter die CB-Funker geht, braucht er zuerst einmal einen guten Codenamen. Wenn Sie ihn einfach nur unter seinem Namen Andy in den Äther schickten, wäre das ausge-

**Konzentrieren Sie sich aufs Fahren —
der Hund übernimmt das Mikrofon.**

sprochen unpassend. Ob Sie ihn nun den Biosphären-Basenji, den Heiseren Husky oder den Donnernden Dobermann nennen — mit einem guten Namen hat er schon halb gewonnen.

Natürlich spricht der Charmante Chihuahua auf Kommando! All seine Freunde hören zu, und jetzt hat er Gelegenheit, von ein paar haarsträubenden Verfolgungsjagden zu erzählen. Allerdings sollte er keine Quasselstrippe werden. Fassen Sie sich kurz, bleiben Sie cool, und reißen Sie ein paar Witze.

Wenn Sie nach dem Codenamen gefragt werden, nennen Sie Ihren eigenen und den Ihres Kopiloten. Der Charmante Chihuahua kann mit minimaler Unterstützung Ihrerseits die aktuelle Uhrzeit in den Äther bellen. Er kann sich für Sie beide verabschieden, und zwar mit einem klaren und deutlichen Bye-bye (eventuell mit leichtem Akzent). Vielleicht werden Sie sogar eine Verabredung mit dem Koketten Cocker am nächsten Boxenstop für ihn treffen. Wenn Sie Andy schon im Auto haben, warum dann nicht ein wenig Spaß am CB-Mikrofon? Aber fahren Sie nicht wie der letzte Affenpinscher, und nehmen Sie sich in acht, daß Sie kein Knöllchen bekommen. Bye-bye, alter Kumpel.

19 SCHMUTZIGE TRICKS

Ein schmutziger Trick für Intellektuelle
Rauchen verboten

Wie die Zeiten heute nun einmal sind, kommt kein Buch über Tricks ohne ein solches Kapitel aus. Wer die wunderbare, natürliche Unschuld eines Hundes mit dessen Gemeinheit, Hinterhältigkeit und Gerissenheit verbindet, der gewinnt. Wir können der Versuchung und dem Vergnügen nicht widerstehen, hier noch ein oder zwei Bosheiten unsererseits anzubringen, und wir würden vermuten, daß Sie genausowenig widerstehen können. Wenn Sie also schmutzige Tricks mögen, beschränken Sie sich auf diese.

EIN SCHMUTZIGER TRICK
FÜR INTELLEKTUELLE

Wenn Sie Schach spielen und es nicht gerade todernst nehmen, dann ist der nächste Trick der richtige für Sie. Arrangieren Sie es folgendermaßen: Der Hund arbeitet immer auf der Ihnen gegenüberliegenden Seite des Schachbretts. Das Zeichen für ihn ist Ihr Husten — üben Sie das Husten vorher. Bei diesem wahrhaft schmutzigen Trick muß es aussehen, als ob Ihr Hund alles allein macht; Sie dürfen ihm keine Handzeichen geben und sollten nicht einmal hinsehen. Wenn Ihr Gegenüber den Hund ertappt, stellen Sie es als witzigen Trick hin. Wenn nicht, begehen Sie gerade eine echte Gemeinheit. Nehmen Sie also ein mächtiges Taschentuch, und husten Sie furchterregend. Wenden Sie sich vom Schachbrett ab — schließlich gehört es sich nicht, jemandem ins Gesicht zu husten, selbst wenn es ein unechtes Husten ist, und husten Sie so dramatisch, daß Ihr Schachpartner *Sie* ansieht und nicht den Hund. Das ist für Satan das Stichwort, zum Schachbrett zu trotten und den Turm Ihres Partners zu stibitzen. Sobald Satan den Turm hat, erholen Sie sich von dem Hustenanfall und gewinnen das Spiel. Lassen Sie es nicht soweit kommen, daß Ihr Gegenüber Ihnen ein Glas Wasser holen will. Wenn er das Zimmer verläßt, und bei seiner Rückkehr fehlt der Turm, dann haben Sie keinen schmutzigen Trick, sondern eine peinliche Situation, aus der Sie nicht leicht einen Ausweg finden werden.

Nun wollen wir Satan beibringen, wie er den Turm stibitzt. Der Turm ist eine gute Wahl, weil er eine wertvolle Figur ist und zumindest für eine Weile an leicht zugänglicher Stelle steht. Um es Satan leichtzumachen und um sicherzugehen, daß er nicht irgendwann *Ihren* Turm holt, bringen Sie ihm bei, immer den Turm rechts vom Gegner zu nehmen. Das heißt, er holt den Königsturm, wenn Ihr Gegner die schwarzen Figuren hat, und den Damenturm, wenn er weiß hat.

Satan muß ein guter und williger Apportierhund sein, bevor Sie auf diese Weise zum Schachmeister werden. Beginnen Sie mit einem leeren Brett, und stellen Sie den Turm in die von ihm aus gesehen vordere rechte Ecke. Fordern Sie Satan auf: NIMM, und loben Sie ihn. Üben Sie diesen simplen Schritt mehrfach täglich ein paar Tage lang. Wenn er die Figur mit der Verstohlenheit und Selbstsicherheit eines nächtlichen Einbrechers vom Schachbrett nimmt, bringen Sie ihm das Husten als Stichwort bei. Geben Sie das Kommando, und husten Sie. Lassen Sie anfangs gelegentlich, später ganz das Kommando weg. Loben Sie ihn stets. Was soll aber Satan nun mit dem gestohlenen Schatz machen? Sie wollen ja nicht, daß er die Figur zerbeißt — vielleicht haben Sie nächstes Mal die schwarzen. Wie wäre es mit einem Regenschirmständer? Einem großen Aschenbecher? Einem Papierkorb in der Nähe? Finden Sie ein passendes Gefäß, und bringen Sie ihm bei, seine Beute dort hineinzulegen. Das wird einige Mühe machen, aber es ist ein wichtiger Bestandteil des Tricks — gerade wenn andere zusehen. Husten Sie. Satan holt den Turm vom Brett. Führen Sie ihn zum Regenschirmständer. Sagen Sie GIB, und er läßt — pling — den Turm hineinfallen. Loben Sie ihn. Spielen Sie etwas ganz anderes mit ihm. Üben Sie ein zweites Mal.

Bei der Ausbildung bringen Sie ihm immer nur jeweils einen Schritt bei. Drängen Sie ihn nicht, sonst wird es ihn verwirren. Wenn er erst einmal ein erfahrener Dieb ist, sollte das Husten genügen, und alles andere geht wie von selbst. Das ist wahre Kunst und dazu noch nützlich!

Wenn Sie es zum ersten Mal vor Publikum machen, nehmen Sie ein gewaltiges Taschentuch, und husten Sie zum Gotterbarmen, damit die Sache auch wirklich in Gang kommt. Ihre Freunde werden gerührt sein von dem Mitleid und der Hilfsbereitschaft des Hundes. Ihr Hund wird stolz sein, daß er sein neues Kunststück zeigen darf. Ihr Gegenüber wird nie wieder mit Ihnen Schach spielen — es sei denn, er ist ein wenig zerstreut. In diesem Falle haben Sie nun endlich eine Chance, auch einmal beim Schach zu gewinnen!

RAUCHEN VERBOTEN

Nichtraucher würden sagen, das ist gar kein übler Trick. Wenn man jemanden vom Rauchen abhält — sagt der Nichtraucher —, tut man diesem Jemand und all seinen Mitmenschen einen großen Gefallen. Doch gerade in unserem heutigen Klima der Intoleranz stecken wir ihn unseren rauchenden Freunden zuliebe doch unter die schmutzigen Tricks.

Manche Hunde kommen auf diesen Trick ganz von selbst, weil

ihnen Feuer und Rauch so unangenehm sind. Mit ein wenig Übung und dem passenden Hund können Sie daraus eine eindrucksvolle Nummer machen. Ideal wäre ein Dalmatiner, der klassische Feuerwehrhund, aber Sie können es mit jedem Hund machen, der eine starke Abneigung gegen alles Brennende hat.

Legen Sie Ihren Hund Montag an die Leine, und nehmen Sie eine Schachtel Streichhölzer. Sie müssen Montag gut unter Kontrolle haben, wenn Sie das Holz anreißen. Da Sie die linke Hand für die Leine brauchen, müssen Sie eventuell erst selbst ein Kunststück lernen, nämlich mit einer Hand gleichzeitig die Schachtel zu halten und das Streichholz anzureißen. Ziehen Sie Montag zu dem Streichholz hin. Beobachten Sie ihn genau. Wenn er sich anmerken läßt, daß ihn das Feuer stört, loben Sie ihn. Wenn er bellt oder niest, schütteln Sie die Flamme aus und loben ihn um so mehr. Für Bellen, Niesen und überhaupt jede Reaktion, die die Flamme auslöschen könnte, verdient er Anerkennung. Denn darauf komm es bei diesem Trick an: daß Montag die Flamme löscht. Es spielt keine Rolle, *wie* er es tut — nur, *daß* er es tut. Wenn Ihr Hund so sehr vor Feuer auf der Hut ist oder wenn er Sie so sehr liebt, daß er für Sie ein Streichholz auslöscht, dann lassen Sie ihn wenigstens die Methode selbst wählen.

Und wenn er gar nicht auf das brennende Streichholz reagiert? Schütteln Sie es aus, und halten Sie es, solange es noch raucht, Montag vor die Nase — dann dürfte die Reaktion nicht lange auf sich warten lassen. Wenn Montag die Pfote danach ausstreckt, loben Sie ihn sofort und ziehen das Streichholz zurück. Für den Hund lohnt

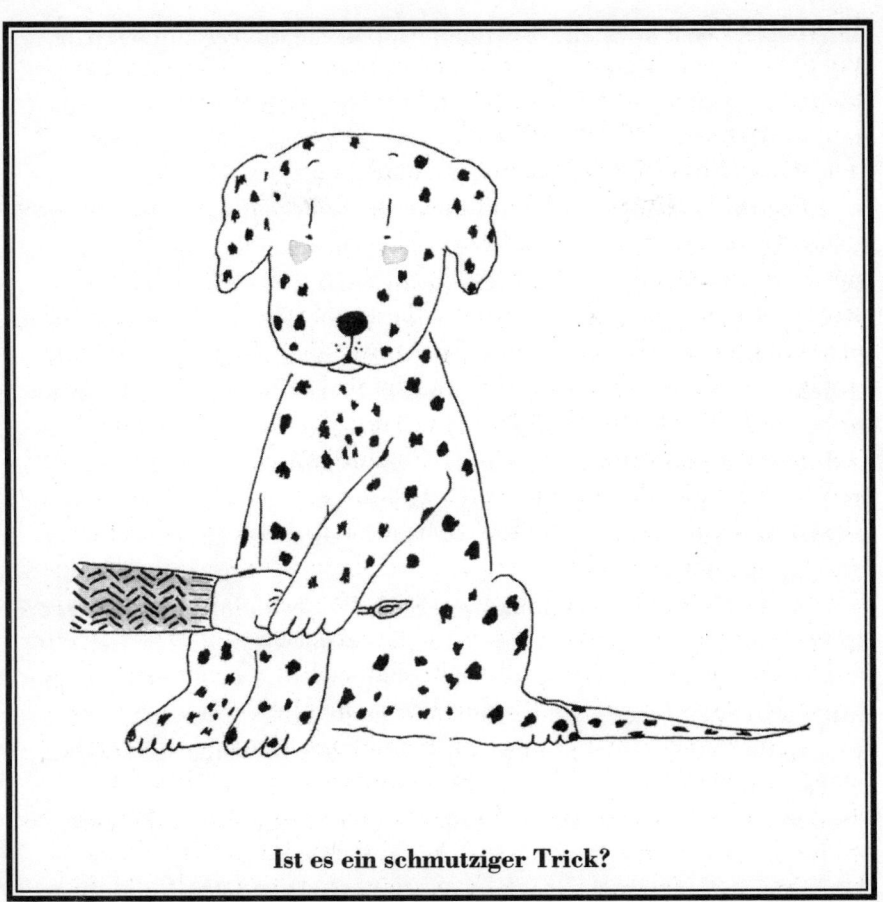

Ist es ein schmutziger Trick?

sich dieser Trick doppelt. Wie immer loben Sie ihn reichlich dafür, daß er tut, was Sie sich von ihm wünschen. Und außerdem nehmen Sie das verhaßte Streichholz weg. Für Montag wird in diesem Falle das zweite sogar mehr zählen als das erste!

Wenn Montag nach dem brennenden Streichholz schlägt, lassen Sie ihn ruhig gewähren, aber nicht zu lang. Seine Ballen sind wie Leder, doch die Haare dazwischen könnte er sich versengen. Die kurze Berührung mit einem Streichholz wird jedoch keinem Hund wehtun, so wenig, wie es Ihnen schadet, wenn Sie eine Kerze mit zwei angefeuchteten Fingern löschen oder den Finger durch die Flamme ziehen. Doch seien Sie vorsichtig, und übertreiben Sie es nicht. Eine andere Möglichkeit wäre, daß er Ihre Hand wegschubst — auch das könnte die Flamme löschen. Mit jeder Bewegung, die auf das Ersticken des Feuers aus ist, verdient Montag sich ein Lob, ein anerkennendes Schulterklopfen und die Entfernung des übelriechenden Dinges, das ihn so stört.

Sobald Montag gelernt hat, ein Streichholz zu löschen, lassen Sie ihn auf Ihre rauchenden Freunde los. Er soll wissen, daß er jedes Streichholz löschen darf, das er sieht. Warum nicht? Machen Sie ihm nur Mut. Eines Tages wird es vielleicht noch einmal sehr nützlich sein, wenn Ihre Tochter Pauline mit den Streichhölzern spielt. Das nächste Mal, daß Gäste sich auf Ihr Sofa fallen lassen und sich anschicken, die Luft in Ihrem Wohnzimmer zu verpesten, kommt Montag zum Einsatz. Was für eine hübsche Art zu sagen, daß es Ihnen eben *doch* etwas ausmacht, wenn jemand raucht!

ÜBERSICHT: WELCHER TRICK FÜR WELCHEN HUND

Diese Übersicht soll nicht den Eindruck erwecken, daß manche Hunderassen weniger wert sind als andere, sondern ist als Führer gedacht, der dem Anfänger helfen soll, die besten Tricks für seinen Hund zu finden. Sie sollten nicht einen bestimmten Hund als Hausgenossen aussuchen, nur weil er in dieser Tabelle viele Pluspunkte sammelt. Außerdem können Sie auch einem Hund mit weniger Talent jeden Trick beibringen, wenn Sie es nur lange genug versuchen.

Tricks, die hier nicht aufgeführt sind, eignen sich in der Regel für alle Hunderassen. Zum Apportierverhalten siehe auch Kapitel 2. Die Kürzel in der Tabelle besagen:

h — hervorragend geeignet
d — durchschnittlich geeignet
w — weniger geeignet
z — zwecklos!

JAGDHUNDE

	Apportieren	Apportieren aus dem Wasser	Geruchssinntricks	Betteln	Totstellen	Auf den Hinterbeinen laufen	Singen	Kinderwagen schieben	Sprechen	Geschicklichkeitstricks	Zirkustricks	Seilspringen	Eindringlinge vertreiben	Kriechen	Springen
Griffon	h	h	h	d	d	d	h	d	d	h	d	d	d	d	h
Retriever															
Chesapeake Bay	h	h+	h	d	w	d	d	d	h	h	h	d	h+	w	d
Curly Coated	h+	h+	h	d	d	d	d	d	d	h	h	h	h	h	h
Flat Coated	h+	h+	h	h	d	h	d	h	h	h	d	w	d	d	h
Golden	h+	h+	h	h	h	d	d	w	h	h	d	w	d+	d	h
Labrador	h+	h+	h	d	d-	d	d	w	h	h	d	w	d+	d	h
Setter															
Englischer	h	d+	h	d	d	d	d	d	d	h	d	d	d	d-	h
Gordon	h-	d	h	d	d	d	d	d	d	d	d	d	d	d	d
Irischer	d	d	h	h	w	d	d	d	d	h	h	d	d	d	h

	Apportieren	Apportieren aus dem Wasser	Geruchssinntricks	Betteln	Totstellen	Auf den Hinterbeinen laufen	Singen	Kinderwagen schieben	Sprechen	Geschicklichkeitstricks	Zirkustricks	Seilspringen	Eindringlinge vertreiben	Kriechen	Springen
Spaniel															
Amerikanischer Cocker-	h	h	h	d	d+	d	d	d	d	d	d	d	d	h	d
Amerikanischer	h	h	h	d	z+	d	d	d	d	d	d	d	d	h	z
Bretonischer	h	h	h	h	w	d	d	d	h	d	h	h	d	d	d+
Clumber-	h	d	h	d	h+	w	d	w	w	z	z	z	w	d	w
Englischer Cocker-	h	d	h	h	d	d	d	d	d	z+	d	d	d	h	h-
Englischer Springer-	h	h	h	h	w	d	d	d	d	d	h	d	h	h	h
Feld	h	d	h	z+	h	d	d	d	d	w	w	w	d	h	w
Irischer Wasser-	h	h+	h	h	h	h	h	h	h	h	h	h	h	h-	h
Sussex-	h	d	h	d	h	d	w	d	d	d	d	d	d	d	z
Walisischer Springer-	d	d	d	h	h	d	d	d	d	h	d	h	d	d	h
Vizsla	h	h	h	d	d	d	h	d	h	h-	d	w	w	h	h
Vorstehhund															
Deutsch-Kurzhaar	h	h	h	d	d	d	h	d	h	h	d	h	h	h	h
Deutsch-Drahthaar	h	h	h	d	d	d	h	d	h	h	d	d	d	h	h
Pointer	z+	d	h	d	d	d	d	d	h	d	h	d	d	d	h
Weimaraner	h	h	h	h	d	h-	h	h	h	h	h	h	z+	z-	h

LAUFHUNDE

	Apportieren	Apportieren aus dem Wasser	Geruchssinntricks	Betteln	Totstellen	Auf den Hinterbeinen laufen	Singen	Kinderwagen schieben	Sprechen	Geschicklichkeitstricks	Zirkustricks	Seilspringen	Eindringlinge vertreiben	Kriechen	Springen
Afghane	d	w	w	w	h	w	w	w	w	h	d	w	w	h	h
Barsoi	w	w	w	w	h	h	d	d	d	h	d	d	w	w	h
Basenji	w	w	w	h	d	h	h	d	z	d	w	z	z	d	d
Basset	d	z	h	d	h	w	h	w	d	z	z	z	d	h	w
Beagle	d	w	h	h	h	d	h	d	h	d	d	d	w	d	d
Black & Tan Coonhound	d	h	h	h	h	d	h	d	d	d	d	w	w	d	d
Bluthund	d	d	h+	d	h	d	h	d	d	w	w	w	w	d	w
Dackel	d	w	h	h	h	d	h	d	w	z	z	z	w	h	w
Deerhound	d	d	d	w	h	d	d	d	w	d+	d	w	w	h	h
Elchhund	d	d	h	h	d	d	d	d	d	d	d	d	h	d	h
Foxhound															
Amerikanischer	d	h	h	d	d	d	h	d	h	h	d	d	d	d	h
Englischer	d	d	h	d	d	d	h	d	h	h	d	d	d	d	h
Grayhound	d	d	w	d	d	h	w	d	w	h	d	h	w	d	h
Harrier	d	d	h	d	d	d+	h	w	d	d	w	w	w	d	d
Irischer Wolfshund	d	d	w	w	h	w	d	w	w	d+	w	w	w	h	h
Otterhund	d	h	h	d	h	d	d	d	d	d	d	d	d	d	d
Rhodesian Ridgeback	d	d	h	d	d	w	d	d	d	d+	d	h	d	d	d
Saluki	d	d	d	d	h	h	w	h	h	w	h	d	z	d	h
Whippet	d	d	w	d	h	h	w	h	w	h	d	h	w	d	h

ARBEITSHUNDE

	Apportieren	Apportieren aus dem Wasser	Geruchssinntricks	Betteln	Totstellen	Auf den Hinterbeinen laufen	Singen	Kinderwagen schieben	Sprechen	Geschicklichkeitstricks	Zirkustricks	Seilspringen	Eindringlinge vertreiben	Kriechen	Springen
Akita Inu	w	w	w	w	h	d	d-	d	w	d	d	d	d	d	d
Bearded Colli	d+	d	h	h	h	h	d	h	h	h	d	d	d	h	h
Belgischer Schäferhund															
Groenendael	d+	d+	d+	d	d	d	d	d	d+	h	d	d	h	d	h
Malinois	d+	d+	d+	d	d	d	d	d	d+	d	d	d	h	d	d
Tervuren	d+	d+	d+	d	d	d	d	d	d+	h	d	d	h	d	h
Berner Sennenhund	d+	d+	h	d-	h	w	d	d	d	d	d	d	d+	d+	d
Bernhardiner	d	d	d	w	h	w	d	d	d	d-	d-	z	d	d	d-
Bobtail (Altenglischer Schäferhund)	d	d-	d	d	d	d	d	d	d+	d+	d	d	d	d	d+
Bouvier des Flandres	d+	d+	d+	d	d	d	d	d	d+	h	d	w	h-	h	h
Boxer	d+	d	d	d	d	d+	d	d	d+	h	d	d	d+	h	h
Briard	d+	d	d+	d	d	d	d	d	h-	h	d	d	d+	d+	h
Bullmastiff	d	d	d	d	d	d-	d	d	d	d	d	w+	d+	d	d
Collie	d+	d+	d+	d	d	d	d	d	d+	d+	d	d	d	d	h
Deutsche Dogge	d	d	d	d-	d	d	d	d	d	d	d	z	d	d+	d
Deutscher Schäferhund	d+	d+	h	d	d	d	d	d	h	h-	d	d	h	d	d+
Dobermann	d+	d+	h	d	d	d	d	d	h	h	d	d	h	h	h
Eskimohund (Alaskan Malamute)	w	w	d	d	d	d	h	d	w	w	d	z	z	h	d

	Apportieren	Apportieren aus dem Wasser	Geruchssinntricks	Betteln	Totstellen	Auf den Hinterbeinen laufen	Singen	Kinderwagen schieben	Sprechen	Geschicklichkeitstricks	Zirkustricks	Seilspringen	Eindringlinge vertreiben	Kriechen	Springen
Husky	w	w	d	d	d	d	h+	d	z	d	w	z	z	d+	d
Komondor	d+	d+	d+	d	d	d	d	d	h	d+	d	d	h+	d	d+
Kuvacz	d+	d	d+	d	d	d	d	d	h	d+	d	d	h	d	d+
Mastiff	d	d	d-	w	d	w	d	w	d+	d	d	w	d+	d+	d
Neufundländer	d	h	d	w	d	w	d	w	d	w	w	w	d	d	d
Puli	d+	d	d	h	d	h	d	d	h	h	h	h	d+	d+	h
Pyrenäenberghund	d	d	d	w	h	d	d	d	d	d	d	w	d+	d	d-
Riesenschnauzer	d+	d+	d+	d	d	d+	d	d+	h	h	d+	d	h	h	h
Rottweiler	d+	d+	d+	d+	d	d	d+	d	h	d	d	d	h	d	d
Samojede	d	d	d	d+	d	d	d	d	h	h	d	d	d+	d	h
Schnauzer (Mittel-schnauzer)	d	d	d	d	d	d+	d	d	h	h	h	d	d	h
Shetländischer Schäferhund	d+	d	h	d	d	d	d	d	d+	h	d	w	d	h	h
Welsh Corgi															
Cardigan	h-	d	d	h	d	d	d	d	d+	d	d	d	h-	d+	d-
Pembroke	h-	d	d	h-	d	d	d	d	d+	d	d	d	h-	d+	d-

TERRIER

	Apportieren	Apportieren aus dem Wasser	Geruchssinntricks	Betteln	Totstellen	Auf den Hinterbeinen laufen	Singen	Kinderwagen schieben	Sprechen	Geschicklichkeitstricks	Zirkustricks	Seilspringen	Eindringlinge vertreiben	Kriechen	Springen
Airedale Terrier	d	d	d	d+	w	d+	d	d	h	h	h	h	d	d	h
Amerikanischer Staffordshire-Terrier	d+	d	d	w	d	w	d	d	d	d	d	d	h	d+	d
Australischer Terrier	d+	d	d+	h	d	h	d	h	h	h	d	d	d+	d	h
Bedlington Terrier	d	d	d	d	d	d	d	d	d	d	d	d	d+	d	d+
Border Terrier	h	d	h-	h	d	d	d	d	h	h	h	d	d+	h	d
Bullterrier	d+	d	d+	w	d	w	w	w	d	d-	d	h	h-	d	d-
Cairn Terrier	d	d	d+	h	d	h	d	h	h	h	h	h	h-	h	h
Dandie-Dinmont-Terrier	d-	d-	d	w	h	w	w	w	d	w	w	w	d-	h	w
Fox Terrier	d	d	d	h	h-	h+	d	h	h+	h+	h+	h+	h	h	h+
Irischer Terrier	d	d	d+	h	d	h	d	h	h	h	h	h	h	h	h
Kerry Blue Terrier	h	d	d	d+	d	h	d	h-	h	h	h	d	h	d	h
Lakeland Terrier	d	d	d	h	d	h	d	h	h	h	h	d	h-	d	h
Manchester-Terrier	d	d	h-	d+	d	d	d	d	d+	h	d	d	d+	d	d
Norwich-Terrier	d+	d	h	h	d	d	d	d	d+	d	d	d	d+	h	d
Schottischer Terrier	d	d	d	d	d	d	d	d	h	d	d	d	h	h	d
Sealyham Terrier	d	d	h-	h	d	d	d	d	h	d	d	d	h-	d	d
Skye-Terrier	d	d	d	h	h	d	d	d	h	h	d	d	d+	h-	d
Soft-Coated Wheaten Terrier	d	d	h	h-	d	d	d	d	h	h	h	d	h	d	h

	Apportieren	Apportieren aus dem Wasser	Geruchssinntricks	Betteln	Totstellen	Auf den Hinterbeinen laufen	Singen	Kinderwagen schieben	Sprechen	Geschicklichkeitstricks	Zirkustricks	Seilspringen	Eindringlinge vertreiben	Kriechen	Springen
Staffordshire-Bullterrier	d	d	d	w	d	d	d	d	d+	d	d	d	d+	d	d
Welsh Terrier	d	d	h-	d+	d	h	d	h	h	h	h	d	h-	d	d
West Highland White Terrier	d	d	d	h	d	d	d	d	h	d	d	d	h	h	d
Zwergschnauzer	d+	d	d+	h	h	h	d	h	h	h	h	h	h	d+	h

ZWERGHUNDE

	Apportieren	Apportieren aus dem Wasser	Geruchssinntricks	Betteln	Totstellen	Auf den Hinterbeinen laufen	Singen	Kinderwagen schieben	Sprechen	Geschicklichkeitstricks	Zirkustricks	Seilspringen	Eindringlinge vertreiben	Kriechen	Springen
Affenpinscher	d	w	w	h	d	h	d	w	d	d	d	d	h	d	d
Chihuahua	w	w	w	w	d	w+	d	z	w	d	d	w	h+	d+	d-
Englischer Zwergspaniel (King-Charles-Spaniel)	d	d	w	h	d	d	d	d	d	d	d	d	d	d	d
Griffon Bruxellois	d	d	d	h	d	d+	d	z	d	d	d	d	d+	d	d
Italienisches Windspiel	d	d	w	d	h	d	d	d	w	d+	h	w	w	d	h
Japanischer Spaniel (Chin)	d	d	w	h	h	h	d	d	d	d	d	d	d+	h	d
Malteser	d	z	d	h+	h	h+	d	d	d+	d+	d	d	h	h	h
Mops	d	w	w	d	h+	d	d	d	d	d	d	d	z	h	d
Papillon	d	d	d	d	d	d+	d	d	d	d+	d	d	d+	d	d
Pekinese	w	z	w	h	h	d+	d	d	w	d	w	h	d+	d-	
Shih Tzu	d	w	w	d+	d	d	d	d	d	d-	d	w	h	h	d
Silky Terrier	d	d	h	h	d	h	d	h	h	h	d+	d	h	d	h
Toy-Pudel	h	h	h	h	h	h	d	h	h	h	h	h	d+	h	h
Yorkshire-Terrier	d	d	d	h	h	h	d	h	h-	h-	d	d	d	d	h
Zwergpinscher	d+	d	d	d	d	h	d	h-	h-	h	d	h	d	h	h
Zwergspitz (Pommeraner)	d	w	d	h	h	h	h	d	d+	d+	d	d	h-	d	h

SONSTIGE HUNDE (GEBRAUCHSHUNDE)

	Apportieren	Apportieren aus dem Wasser	Geruchssinntricks	Betteln	Totstellen	Auf den Hinterbeinen laufen	Singen	Kinderwagen schieben	Sprechen	Geschicklichkeitstricks	Zirkustricks	Seilspringen	Eindringlinge vertreiben	Kriechen	Springen
Bichon Frisé	d	d	d	h	d	h	d	d	d	d	d	d	d	d	d
Boston-Terrier	d	d	w	h	d	h	w	h	d	d	d	h	h	d	d
Chow-Chow	d	w	d	d	d	d	d	d	d	h	d	d	h	w	h
Dalmatiner	d	d	d	h	d	h	h	h	h	h	h	h	h	h	h
Englische Bulldogge	d	w	w	z	h	w	d	z	w	z	w	z	w	d	w
Französische Bulldogge	d	w	w	w	h	w	d	w	d	w	w	w	d	d	w
Keeshond (Holländischer Barkassenhund)	d	d	d	h	d	h	h	h	h	h	h	h	h	h	h
Lhasa Apso	w	w	w	h	w	h	d	d	d	d	d	d	h	d	w
Pudel (Kleinpudel)	h	h	h	h	h	h	d	h	h	h	h	h	h	h	h
Schipperke	d	d	d	h	d	h	d	h	h	h	d	h	h	d	d
Tibet-Terrier	d	d	d	h	d	h	d	d	h	d	d	d	h	d	b
Zwergpudel	h	h	h	h	h	h	d	h	h	h	h	h	h	h	h

DAS LETZTE WORT

Wie Sie inzwischen gemerkt haben, gibt es Unterschiede zwischen der Grundausbildung, die Ihr Hund schon hinter sich hat, und der Dressur, mit der Sie nun beginnen wollen. Bei der Grundausbildung bringen Sie den Hund dazu, zu tun, was Sie ihm sagen; bei der Dressur machen Sie ihm eher Mut, aus eigenem Antrieb zu arbeiten. Die meisten Ausbilder empfehlen, in der Grundausbildung nicht mit Leckerbissen zu belohnen; bei der Trickausbildung können Sie ruhig damit arbeiten. Ihr Hund hat ja in der Grundausbildung bereits gehorchen gelernt. Das Beherrschen spielt bei der Dressur keine so große Rolle — wichtiger ist, daß Sie den Hund mit Ihrer Begeisterung anstecken. Je enthusiastischer Ihr Hund an seinen Auftritt geht und je alberner er dabei wird, desto mehr Erfolg werden er und Sie beim Publikum haben.

Wenn Ihr Hund die Grundausbildung hinter sich und auch das Apportieren gelernt hat, können Sie sich einen Trick aus dem Buch aussuchen und damit anfangen. Sie müssen es nicht von vorne durcharbeiten — fangen Sie mit Ihrem Lieblingskunststück an.

Ganz gleich, was für eine Schnauze es ist, die Ihnen da bei der Lektüre über die Schulter blickt — wir wünschen Ihnen und ihm gutes Gelingen und hoffen, daß Sie viel Freude an Ihrem neuerworbenen Wissen und an den Tricks haben werden, die Sie gelernt haben. Nun wo wir Ihnen die Geheimnisse verraten haben, hoffen wir, daß wir eines Tages auch die Erfolge sehen werden!